後天美膚人

自己的皮膚自己救，親手做出安全省錢的天然保養品

AKIKO UTSURO ◎ 著
前田京子 ◎ 監修

陳怡君 ◎ 譯

漫畫家・AKIKO UTSURO
首度嘗試手作護膚品生活

第一章

香氛迷人的
花香調
化妝水

製作化妝水最基本的精油：薰衣草、橙花、玫瑰、洋甘菊等。

調製化妝水的工具：純水&甘油及計量匙&瓶罐。純水與甘油在藥局就買得到（23頁）。

薰衣草化妝水完成了！貼上標籤後，既可愛又容易識別（24頁）。

4款化妝水大集合。一整天總是不自覺地想要伸手取用。也可以看狀況混搭使用。

第二章

各種功效都有找出命中注定的護膚油吧！

曾經嘗試過的各種油脂類。從右邊起陸續買過了甜杏仁油、榛果油、酪梨油、橄欖油、馬油。在超市等地方買到的。

試用各種油脂類續集。從右邊起依序是月見草油、荷荷芭油、玫瑰果油、夏威夷果油。我命中注定的護膚油，應該就在這裡頭吧！

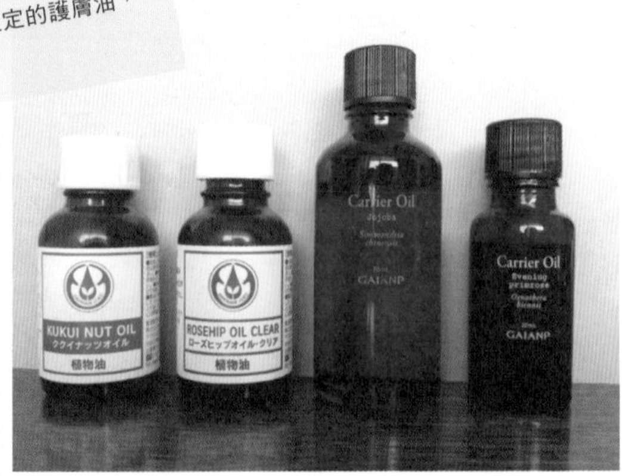

漫畫家・AKIKO UTSURO
首度嘗試手作護膚品生活

護膚油的保存罐。附有小漏斗，不必擔心一下子會倒出太多來。

我命中注定的護膚油：玫瑰果油！終於找到你了……（66頁）。

保濕霜的基底是以乳油木果油（或者是芒果脂）＋油＋精油製成。

第三章
進階護膚的保濕霜

基底油是荷荷芭油。

計算荷荷芭油及乳油木果油的重量。感覺很像在做料理。

乳油木果油與荷荷芭油隔水加熱。熔化之後的模樣大概是這樣子（右）。

這時候加入精油。化妝水的話可以從已經有的4款裡面挑選。

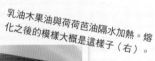

放進容器內待涼。凝固之後大概是這個樣子（右）。

各種保濕霜。不同的組合搭配有時會調配出意外的驚喜，太有趣了。

左邊是使用酪梨油調配的保濕霜（94頁）。右邊是使用了洋甘菊與薰衣草兩種精油調配而成的青蘋果保濕霜（83頁）。

漫畫家·AKIKO UTSURO
首度嘗試手作護膚品生活

第四章
特殊護理用的手作護膚品

以蜂蜜及護膚油調成的面膜。忙得沒時間調理以至於膚質粗糙時，敷上這個馬上就得救啦，大力推薦！（98頁）

使用4種基本精油調配成的沐浴油。浸入浴缸內以手輕撫全身，讓肌膚徹底吸收精油的精華（104頁）。

旅行時的護膚組。前田小姐親自傳授的化妝水紙巾+小瓶裝護膚油，讓我即便出外旅行，也能輕鬆攜帶護膚品。

大家好，我是AKIKO UTSURO
呼—嚕
單刀直入
基本上我的個性非常懶散
午睡圖
20幾歲的時候，我保養肌膚的方法
啪沙
啪沙
就只是隨便找個品牌，有得用就好。
我的少女心覺醒的契機是在
膚質變得好糟糕唷！
不認真保養不行了！
一整排都是超級昂貴的高級護膚品
這下子可以安心了。
只是我的財力沒辦法這樣長期持續
只好回復原先的保養方式如此反反覆覆
化妝水
保濕霜

過了30歲之後
哎呀？我的粗糙膚質好像慢慢定形了耶！
好久沒照鏡子，一照才發現事情不得了了……
天啊……
連黑斑和皺紋也……
狀況真的很糟糕
怎麼突然變老了!!
我不要啦!!
這就像是積存肌膚水分的儲水桶
失去了功能
急忙買美容書籍來看看
咦？護膚品內竟然也含有危害肌膚的成分……
「合成界面活性劑或合成聚合物會造成肌膚老化」……好可怕！
美容
美容
這、這下該如何是好……
幸好這個世界上還是有許多天然成分的化妝品
哇……

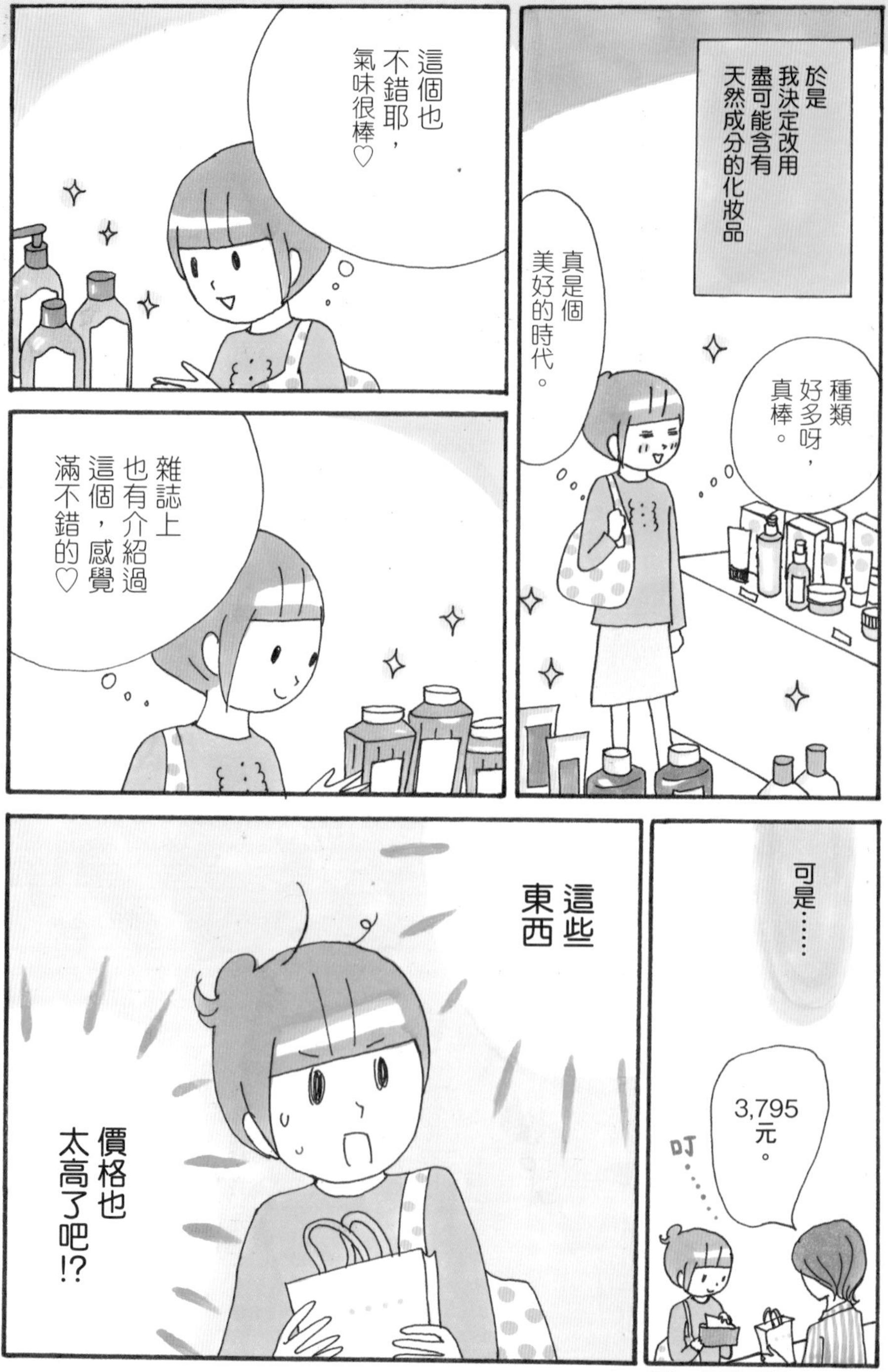
於是
我決定改用
盡可能含有
天然成分的化妝品
種類好多呀，真棒。
真是個美好的時代。
這個也不錯耶，氣味很棒♡
雜誌上也有介紹過這個，感覺滿不錯的♡
可是……
3,795元。
DJ
這些東西
價格也太高了吧!?

編註：全書的匯率為
1日幣＝0.3台幣

後來我才聽說，
即便是天然系列的化妝品，
某些商品裡面還是含有害的成分……
購買時
必須一一比對包裝盒上
標示的成分表……
盯—
好麻煩呀……
我都是自己調製化妝水和乳液耶！
咦！
編輯H小姐
因為可以自己調整成分，使用起來比較放心。
驚
真是令我大開眼界
而且不會花太多錢。
像這瓶薰衣草化妝水，大概只需要花10元吧？
呵呵呵
10元……
吞口水……
於是就此展開了我的手作護膚品生活

※全文所使用的兌換匯率為1日幣：0.3台幣

登場人物介紹

AKIKO UTSURO

漫畫家，目前最大的困擾就是肌膚乾燥。
已經到了該注意
老化的年齡。

責任編輯H小姐

天生的油性肌膚。
從青春期起便飽受滿臉青春痘的困擾，
即使目前已經33歲，
還是很容易冒出痘痘來。

前田京子

著有《愉悅的泡澡時間》系列
與《簡單護膚》、
《簡單護膚 指導書》等
諸多出版品。
在日本興起手作肥皂
&護膚品風潮的先鋒。

第一章

首先就從最基本的化妝水開始做起吧！

目前都是自己動手調配化妝水的H小姐
我是參考前田京子小姐的配方來製作的。
前田京子小姐？
前田京子小姐就是～
手作護膚品的領導者！著有《愉悅的泡澡時間》等諸多出版品
我知道，就是引領手作肥皂風潮的那位!!
她提供了許多使用起來非常舒適的手作化妝水、護膚油等護膚品的作法呢。
於是我們前去拜訪前田京子小姐
請多多指教。
您好。

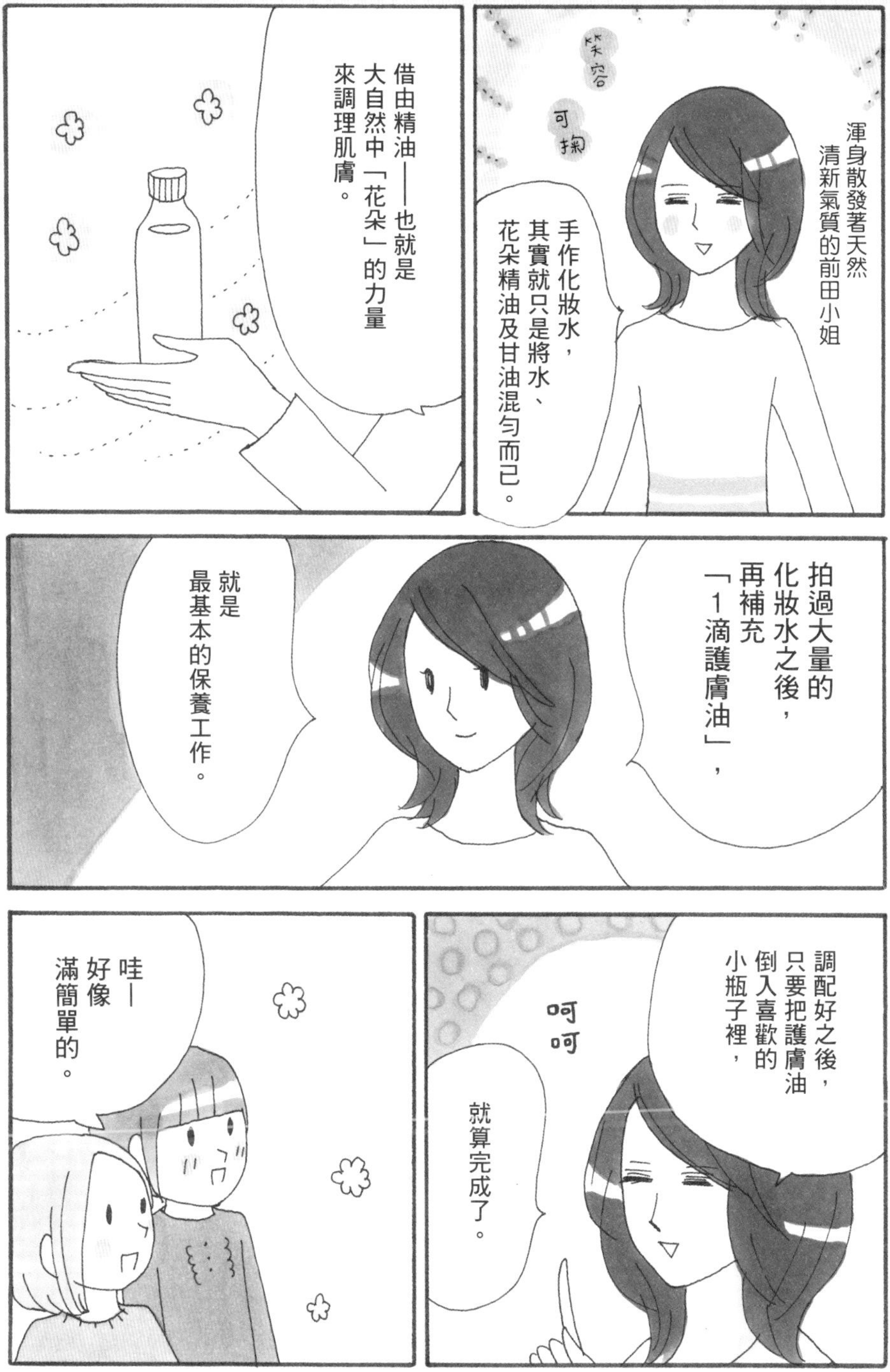
渾身散發著天然
清新氣質的前田小姐
笑容
可掬
手作化妝水，其實就只是將水、花朵精油及甘油混勻而已。
借由精油——也就是大自然中「花朵」的力量來調理肌膚。
拍過大量的化妝水之後，再補充「1滴護膚油」，
就是最基本的保養工作。
調配好之後，只要把護膚油倒入喜歡的小瓶子裡，
呵呵
就算完成了。
哇—好像滿簡單的。

精油似乎具有許多功效呢。
平常我都會加在噴霧器內。
或者以紙巾沾過之後直接嗅聞。
聞聞
生理期前聞點乳香的味道，情緒比較穩定
在護膚品當中，主要推薦的就是4款花香調的精油。
鎮定、抗菌
青春痘、粉刺
薰衣草
調整老化肌膚的皮脂分泌
橙花
調整荷爾蒙分泌
玫瑰
緩解壓力
洋甘菊
等等等等……
哇—竟然有這些功效……!!

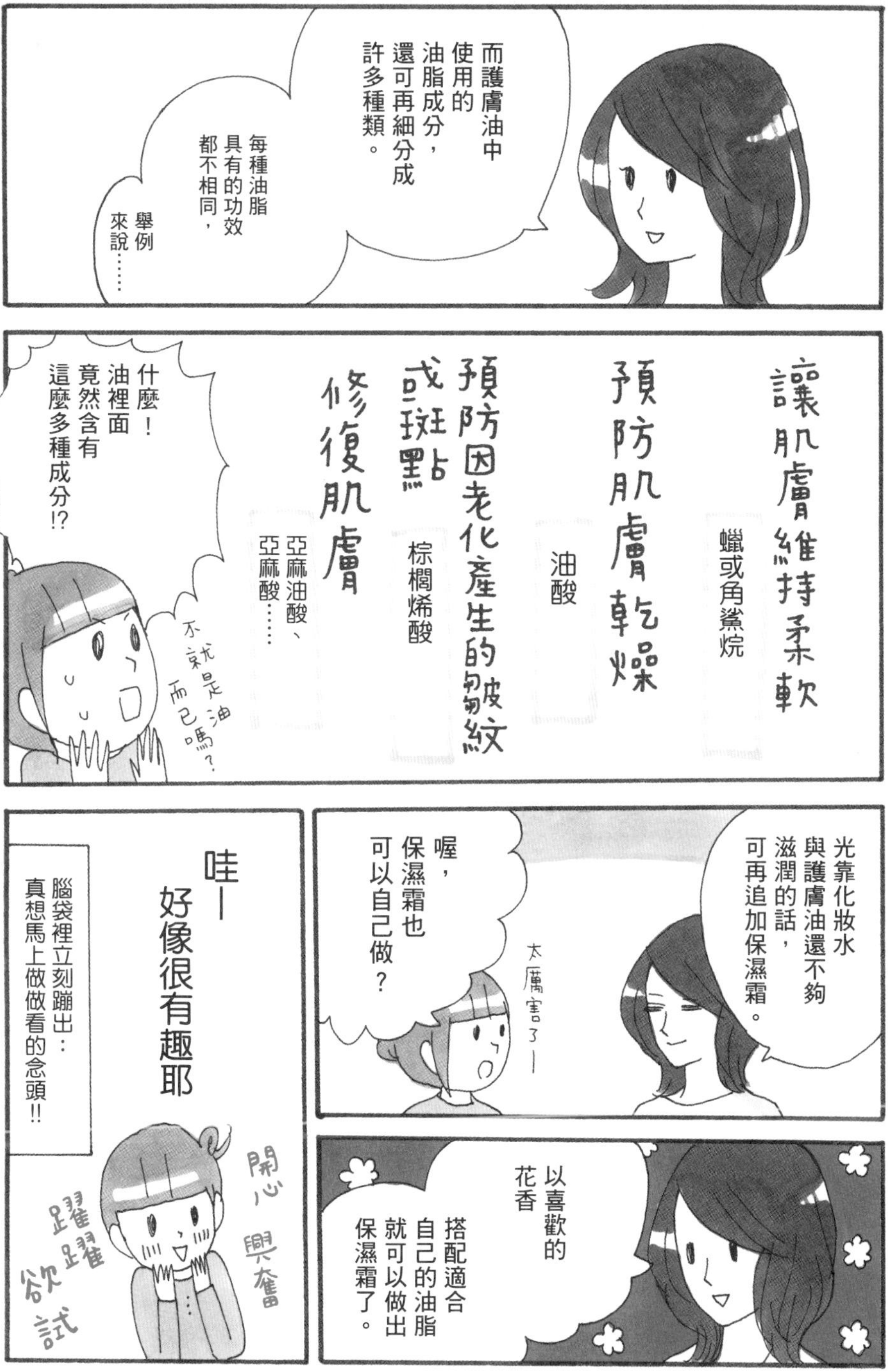
而護膚油中使用的油脂成分，還可再細分成許多種類。
每種油脂具有的功效都不相同，
舉例來說……
讓肌膚維持柔軟
蠟或角鯊烷
預防肌膚乾燥
油酸
預防因老化產生的皺紋或斑點
棕櫚烯酸
修復肌膚
亞麻油酸、亞麻酸……
什麼！油裡面竟然含有這麼多種成分!?
不就是油而已嗎？
光靠化妝水與護膚油還不夠滋潤的話，可再追加保濕霜。
喔，保濕霜也可以自己做？
太厲害了ー
以喜歡的花香
搭配適合自己的油脂就可以做出保濕霜了。
哇ー好像很有趣耶
腦袋裡立刻蹦出：真想馬上做做看的念頭!!
開心興奮
躍躍欲試

我是那種
決ー心
外型決定
一切的個性
如果能夠
把化妝水
或保濕霜裝在
可愛的容器裡，
看了不但心情好，
護膚也變得
更有樂趣了。
嚮往中
可是……
台隆手創館或
無印良品
沒什麼
特別可愛的
東西耶……
去附近販賣時尚
雜貨的店家
嗯ー
看起來還不錯，
但似乎
不怎麼實用。
這個瓶子也太大了吧
生活用品雜貨店或
39元商店
沒有……

最後我遇到了精油用品專賣店「生活之木」
雖然和想像中的有點出入，
但造型簡單又實用……嗯!!就是這個了♡
藍色遮光瓶 142元
去藥局購買純水與甘油
藥局
火速
純水27元！
真便宜
其他的則是利用網購宅配&家裡原本就有的東西
總之就是買最小瓶的
洋甘菊 1ml
橙花 1ml
玫瑰 1ml
(生活之木)
薰衣草 5ml
(GAIA)
芳香精油
主要用來調製化妝水……
方便用來混勻化妝水
大的空瓶
容量大概是500ml
化妝水用玻璃瓶 100ml
使用玻璃瓶比較衛生
主要用來調製護膚油……
一定要買附漏斗的
護膚油用玻璃瓶
最小可以量到1/4小匙的最方便
計量匙
主要用來調製保濕霜……
電子磅秤
由於都是以公克計算，一定要使用電子磅秤
量杯
50ml
方便用來隔水加熱保濕霜的材料
保濕霜用玻璃罐

藍色遮光瓶也可以，但如果妳是那種懶得定期把瓶子清洗乾淨的懶惰鬼（笑），還是使用可以清楚看見瓶內狀況的透明玻璃瓶吧！

終於要挑戰試做化妝水了。
首先就從最基本的薰衣草化妝水開始吧！
薰衣草具有抗菌、抗發炎等作用，能夠調理肌膚，還能護理傷口、曬傷、燙傷、青春痘等肌膚狀況喔！
而且價格也比其他精油便宜。
說起來其他精油還真是貴呀！
對我這個新手來說，最適合從薰衣草化妝水開始做起了。
深受萬人喜愛
最基本的1瓶
首先把1／4～1／2小匙甘油倒入大瓶子裡，
再滴入5滴薰衣草精油。
甘油
仔細混勻
搖
搖
甘油

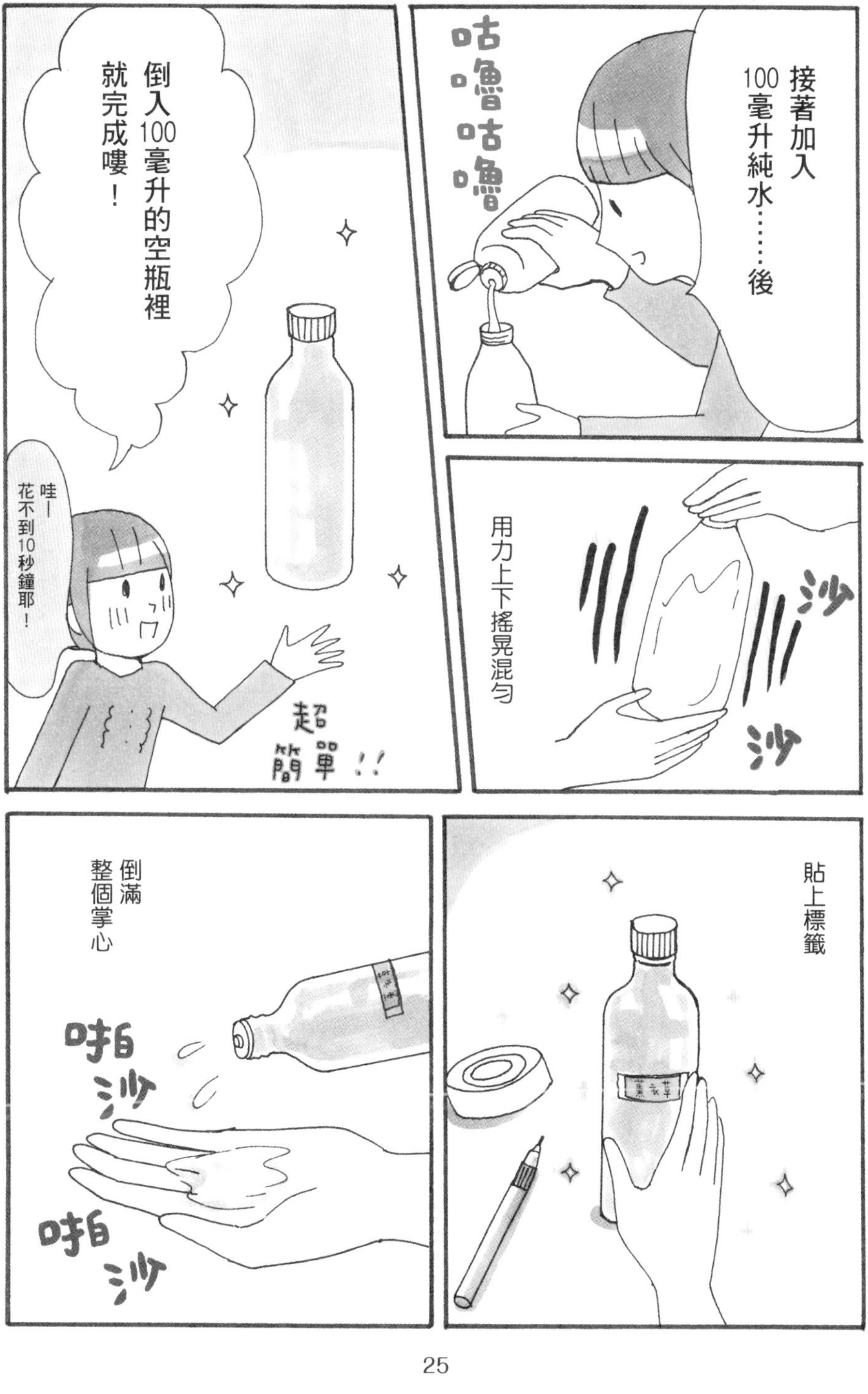
接著加入100毫升純水……後
咕嚕咕嚕
用力上下搖晃混勻
沙
沙
倒入100毫升的空瓶裡就完成嘍！
哇ー花不到10秒鐘耶！
超簡單！！
貼上標籤
薰衣草
倒滿整個掌心
啪沙
啪沙

好香唷～♡
呵呵—
這個香味的
放鬆效果
真是好呀
完全
不會黏膩—
啪沙
啪沙
質地就跟
水差不多……
吸—
呼—
吸—
呼—
深呼吸中
今後每次
洗完臉，
渾身都會是
這種香味吧……
呵呵呵
感覺
真好♡

就這樣開始使用薰衣草精油，過了2、3天
奇怪？
奇怪？
我的皮膚……
我的皮膚好像……
變得飽滿有彈性耶!?
抱歉了各位……
但我真的必須大大稱讚一下

唉唷，反正裡面不過就是
水和精油而已？
當然還有甘油啦
能有什麼作用？
說穿了就只是加了香味的水—
不良少年 UTSURO
況且這種純天然的東西
一定要連續使用好幾年，才可能出現效果吧。
好學生 UTSURO
可—是!! 只不過2、3天便明顯感受到自己的改變
奇怪……
變得飽滿又有彈性。
感覺就像是皮膚喝下了大量水分
咕嚕咕嚕
這……這就是精油的
力量嗎!?
不好意思竟然說你不過是加了香味的水而已

H小姐！
薰衣草化妝水的效果比我想像中還棒耶!!
對呀—
自從我開始使用薰衣草化妝水之後，肌膚問題一下子就減少許多了。
到目前為止使用了半年左右吧
以前我經常冒青春痘，實在很煩惱。
是—喔
現在就算冒出來，很快就痊癒了
最基本的薰衣草就有如此功效
那麼橙花和玫瑰不就更厲害了!!
熊熊鬥志…
脫胎換骨的效果讓我更加堅定要繼續往前邁進的決心

花香
精油
essential oil

化妝水的作法

◆材料◆

純水 … 100ml
植物性甘油 … 1/4～1/2小匙
精油｛若使用薰衣草精油 … 5滴
若使用玫瑰、橙花、德國藍洋甘菊 … 1滴｝

1 將500ml甘油倒入附瓶蓋的空瓶內，再加入喜歡的精油。

2 左右搖晃瓶子，讓甘油與精油充分混勻。

3 倒入純水，將瓶蓋蓋上，用力上下搖晃約20下混勻。

4 將成品倒入玻璃容器(100ml)內就完成了！

※ 室溫下可保存約1個月～3個月。建議可每次只調製100ml，並在1個月內用完。

之前
拜讀前田小姐的著作
《簡單護膚》，
當中最想嘗試的
就是
橙花化妝水!!
因為材料
使用的是橙花精油啦。
・修復細胞
・讓肌膚回復彈性
・調整老化肌膚的
皮脂分泌
等等……
總之，
它的抗老化效果
非常好!!
從前
就有人說過
「橙花回春」♡
我想沒有任何一個女人
抵擋得了這個吸引力吧!?
已經到了對這個關鍵字毫無招架能力的年紀
趕快來
做做看—
手腳
俐落
純水
橙花
……嗯

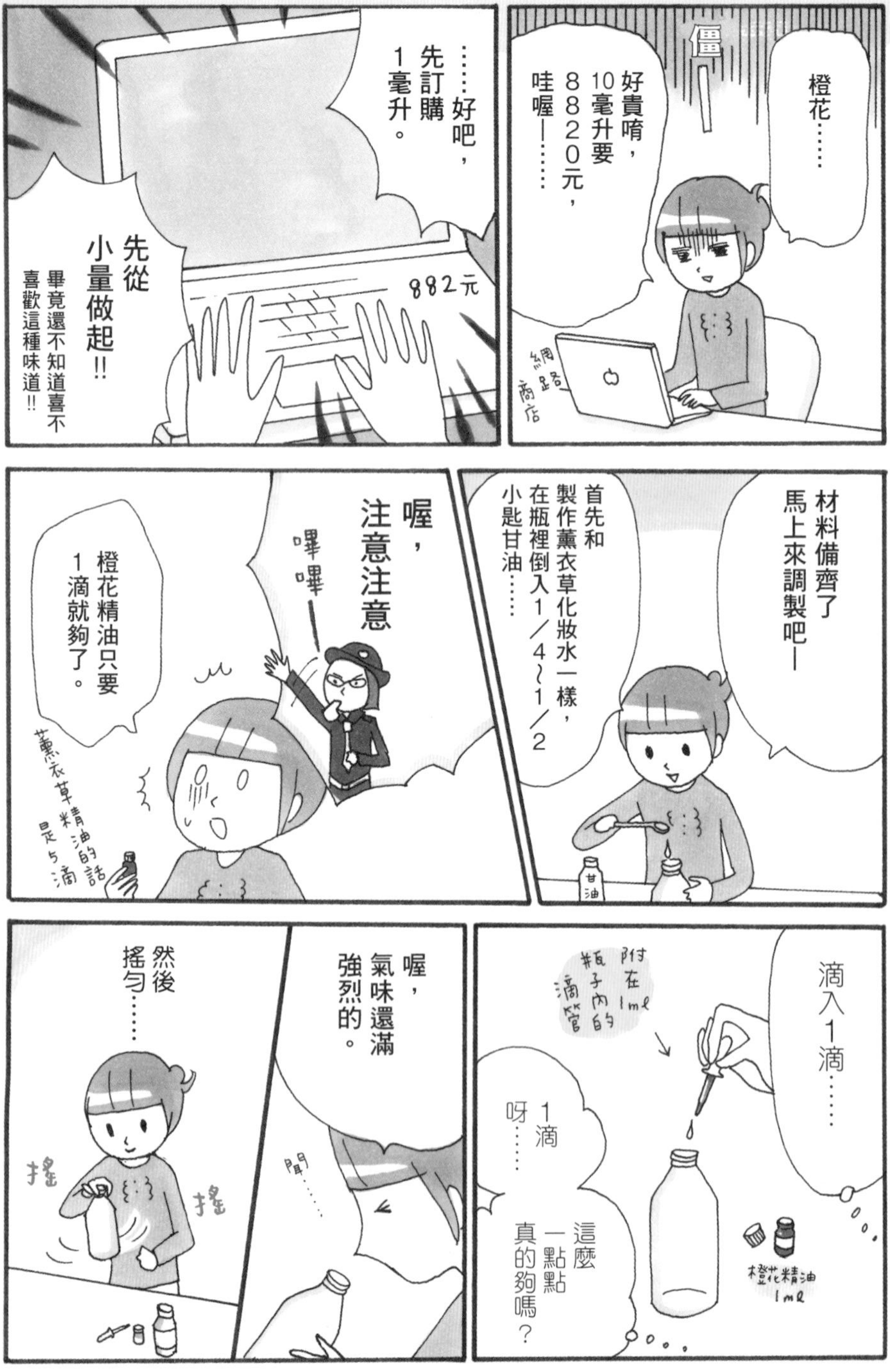

橙花……
僵
好貴唷，10毫升要8820元，哇喔——……
網路商店
……好吧，先訂購1毫升。
882元
先從小量做起!!
畢竟還不知道喜不喜歡這種味道!!
材料備齊了馬上來調製吧—
首先和製作薰衣草化妝水一樣，在瓶裡倒入1／4～1／2小匙甘油……
甘油
喔，注意注意
嗶嗶—
橙花精油只要1滴就夠了。
薰衣草精油的話是5滴
滴入1滴……
附在瓶子內的1ml滴管
1滴呀……
這麼一點點真的夠嗎？
橙花精油1ml
喔，氣味還滿強烈的。
聞……
然後搖勻……
搖
搖

加入純水後再次混勻
最後倒入空瓶裡。
貼上「橙花」標籤
橙花
啊，這個味道……！是小時候常玩的煮飯花的味道!!
啪沙
啪沙
哇~
香味清爽卻很奢華耶！
我喜歡!!
以女孩來比喻的話
薰衣草就像個腳踏實地的女孩，
而橙花則令人感覺到自由奔放……
啦啦啦
橙花
薰衣草
自行想像圖

就這樣開始使用橙花水
從早到晚全身都散發著這種超有個性的香味實在是……
嗯～可是
再怎麼喜歡，也似乎有點Too Much了……
感覺就像每天都吃鰻魚飯……
雖然很愛吃
但又不想因此吃到怕……
於是！決定採取
哪一個都好。
早上使用薰衣草、晚上改用橙花的方式
橙花女孩
薰衣草女孩
早上
香氣清爽的薰衣草
奢華氛氛的橙花
晚上
試了幾個禮拜之後……
照鏡子時我發現
膚色變白了……!!
哇喔……!!

補充了水分之後的肌膚變得飽滿，表面恢復彈性，皮膚表面反射光線後就會看起來比較白一點。

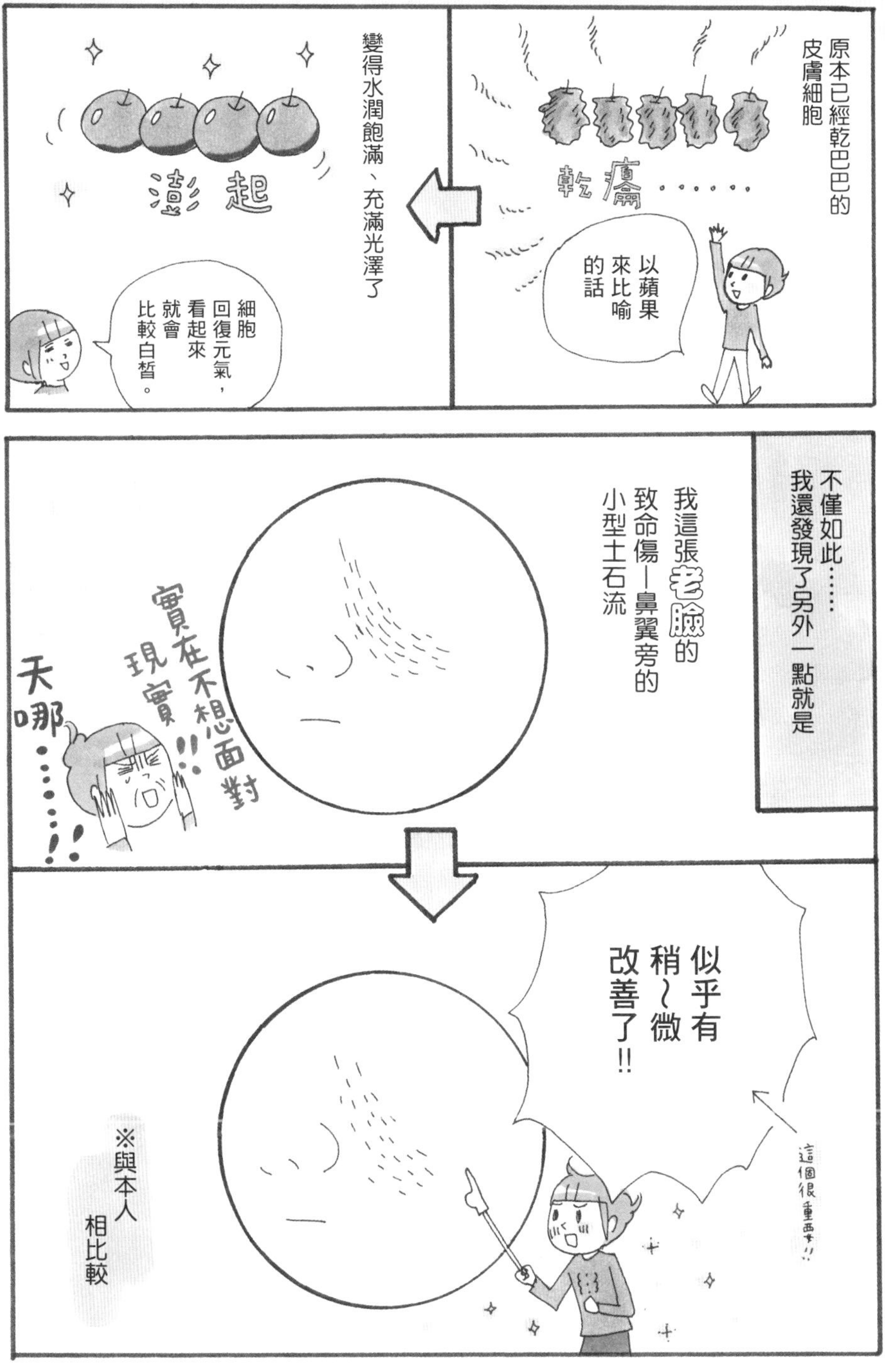

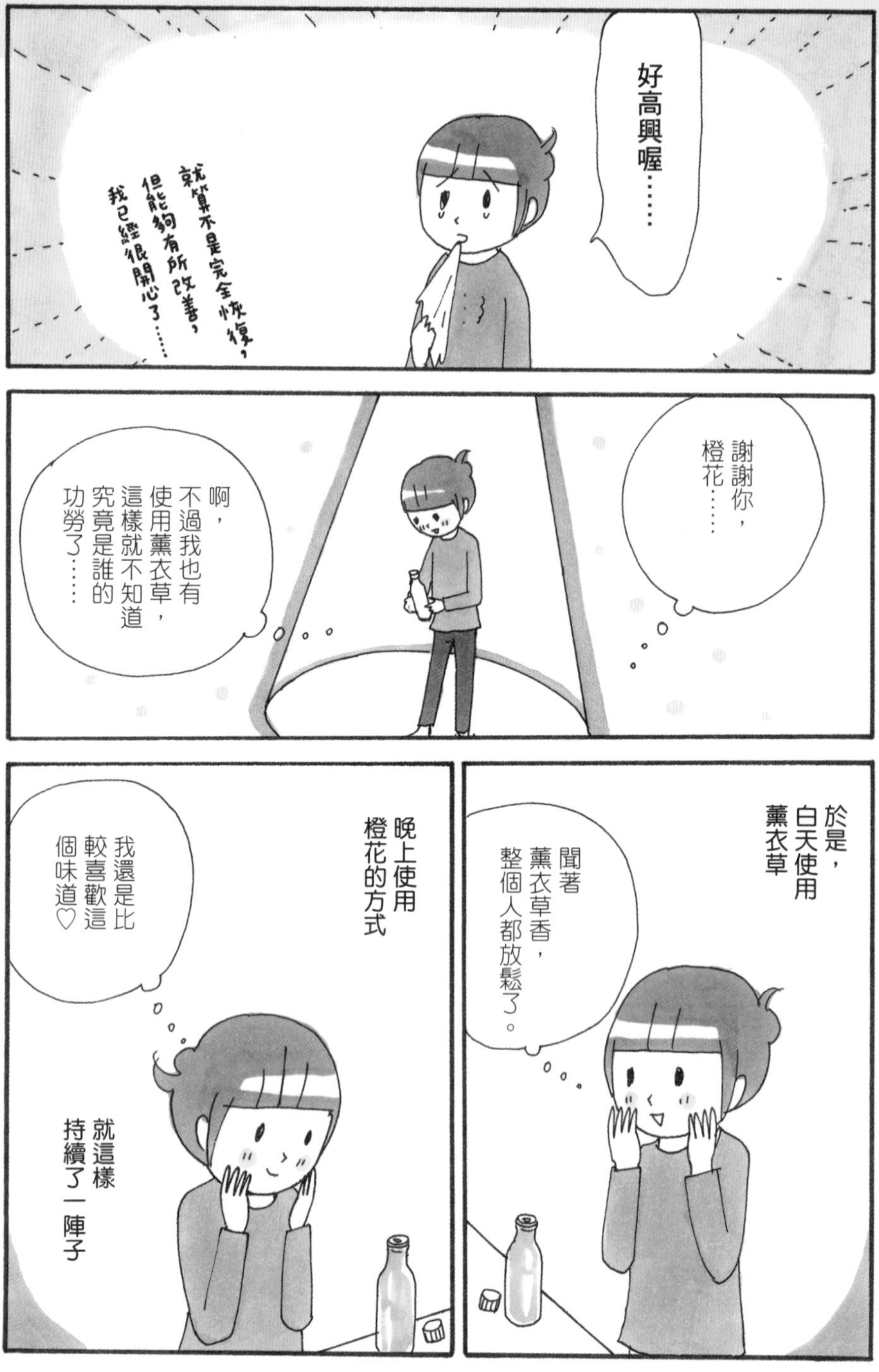

好高興喔……
就算不是完全恢復，但能夠有所改善，我已經很開心了……
謝謝你，橙花……
啊，不過我也有使用薰衣草，這樣就不知道究竟是誰的功勞了……
於是，白天使用薰衣草
聞著薰衣草香，整個人都放鬆了。
晚上使用橙花的方式
我還是比較喜歡這個味道♡
就這樣持續了一陣子

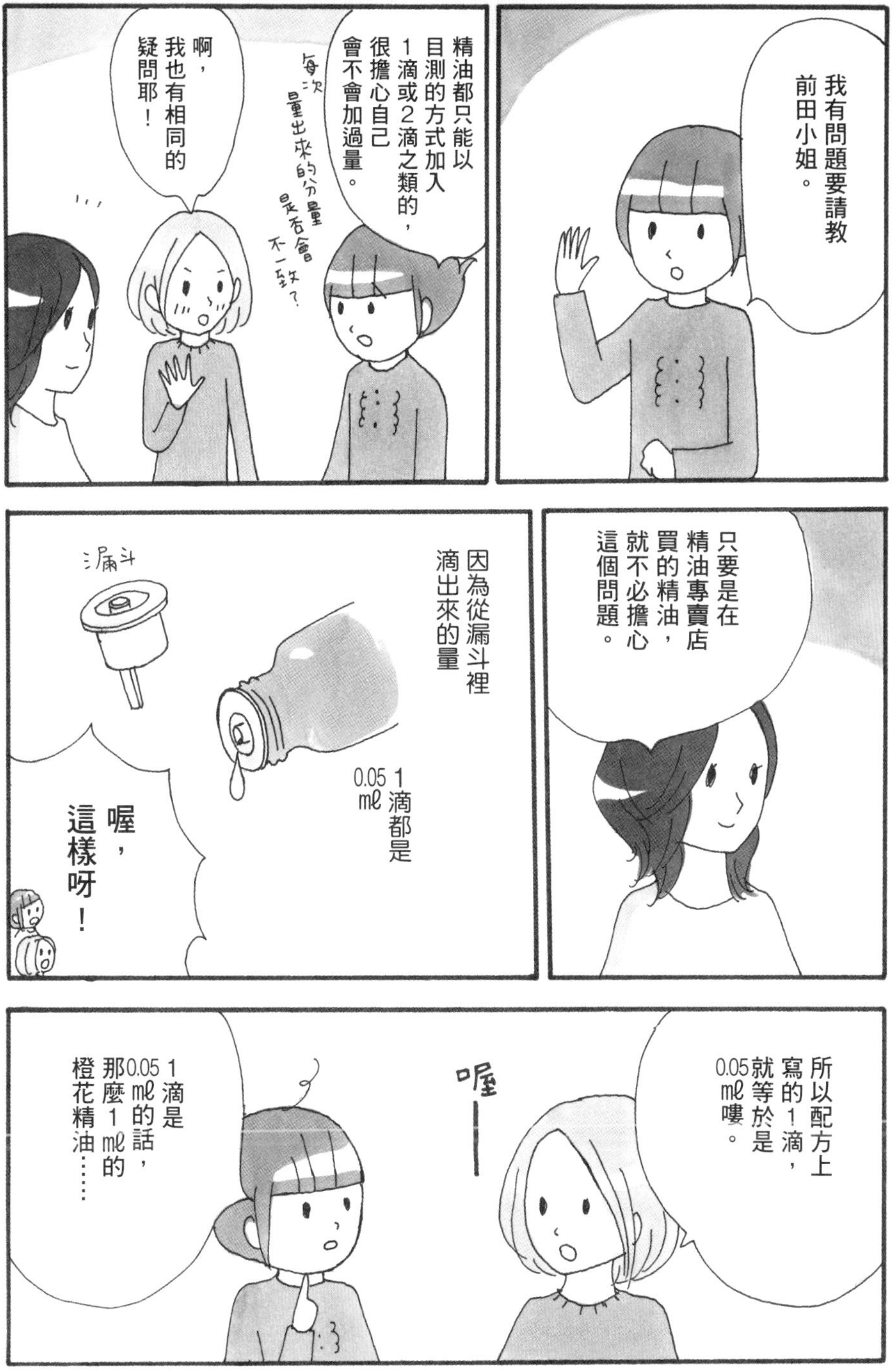
我有問題要請教前田小姐。
精油都只能以目測的方式加入1滴或2滴之類的，很擔心自己會不會加過量。
每次量出來的分量是否會不一致？
啊，我也有相同的疑問耶！
只要是在精油專賣店買的精油，就不必擔心這個問題。
因為從漏斗裡滴出來的量
1滴都是0.05 mℓ
漏斗
喔，這樣呀！
所以配方上寫的1滴，就等於是0.05 mℓ嘍。
喔—
1滴是0.05 mℓ的話，那麼1 mℓ的橙花精油……

換算下來可以做出20瓶100mℓ的化妝水耶!!
20瓶
哇喔，真厲害
精油感覺上似乎很貴－
但換算下來其實滿划算。
就算是橙花化妝水，1瓶（100mℓ）也只要45元左右!!
啊
漏斗1滴等於0.05mℓ……
我可能把事情搞砸了。
抖
抖

這裡介紹的基本配方，調和比例都設定為偏溫和的濃度，因此即便調配時因為某些原因產生些微誤差，也不至於造成危險。各位讀者不需太擔心，輕鬆愉快地享受保養肌膚的樂趣吧。精油的話，請務必購買芳香療法專用的純精油，使用方法可以參考商品附的說明書。

我已經很習慣早晨使用薰衣草、晚上使用橙花的生活了
接下來可以挑戰一下玫瑰與洋甘菊。
那就先試試玫瑰吧!?
玫瑰可是護膚界的女王呢!!
我曾經使用過市售的玫瑰化妝水，那種舒適感徹底打動了我的心哪！
沒想到自己也能調配
Rose
感動!!
……唉呀
傻ー眼
玫瑰精油比橙花精油更貴……
比較起來，薰衣草真是便宜到讓人感動啊。

可是市售的玫瑰化妝水也不便宜呀……
咬ー牙
就算是預先投資吧！
買了精油可以做出好幾十瓶的化妝水呢!!
首先只買1㎖
自稱1㎖之女……
作法是將1／4～1／2小匙甘油與
1滴玫瑰精油仔細混勻。
再加入100㎖純水
然後再次混勻
最後倒入化妝水用的瓶子內
純水
玫瑰化妝水就完成啦！
耶ー
玫瑰

喔—好簡單唷！
以後不需要再買市售的玫瑰化妝水了。
試用看看
啪沙
啪沙
嗯~大人的香氣。
陶醉……
像這樣被華麗而濃郁的玫瑰花香擁抱著
好像自己也變得更有女人味了

天然精油的香味就是和人工香料不一樣啊!!
玫瑰就應該要有玫瑰的天然香氣呀!!
雖然做好了玫瑰化妝水，但放了一陣子都沒有使用
瞄
玫瑰
橙花
薰衣草
自然而然還是把手伸向橙花或薰衣草
可能是和現在的自己有點不搭調
所以沒有很想使用吧
?
不過，有一天突然
玫瑰……
今天早上想噴點玫瑰水。
這種感覺……
好舒服唷~!!
啪沙
啪沙
啊

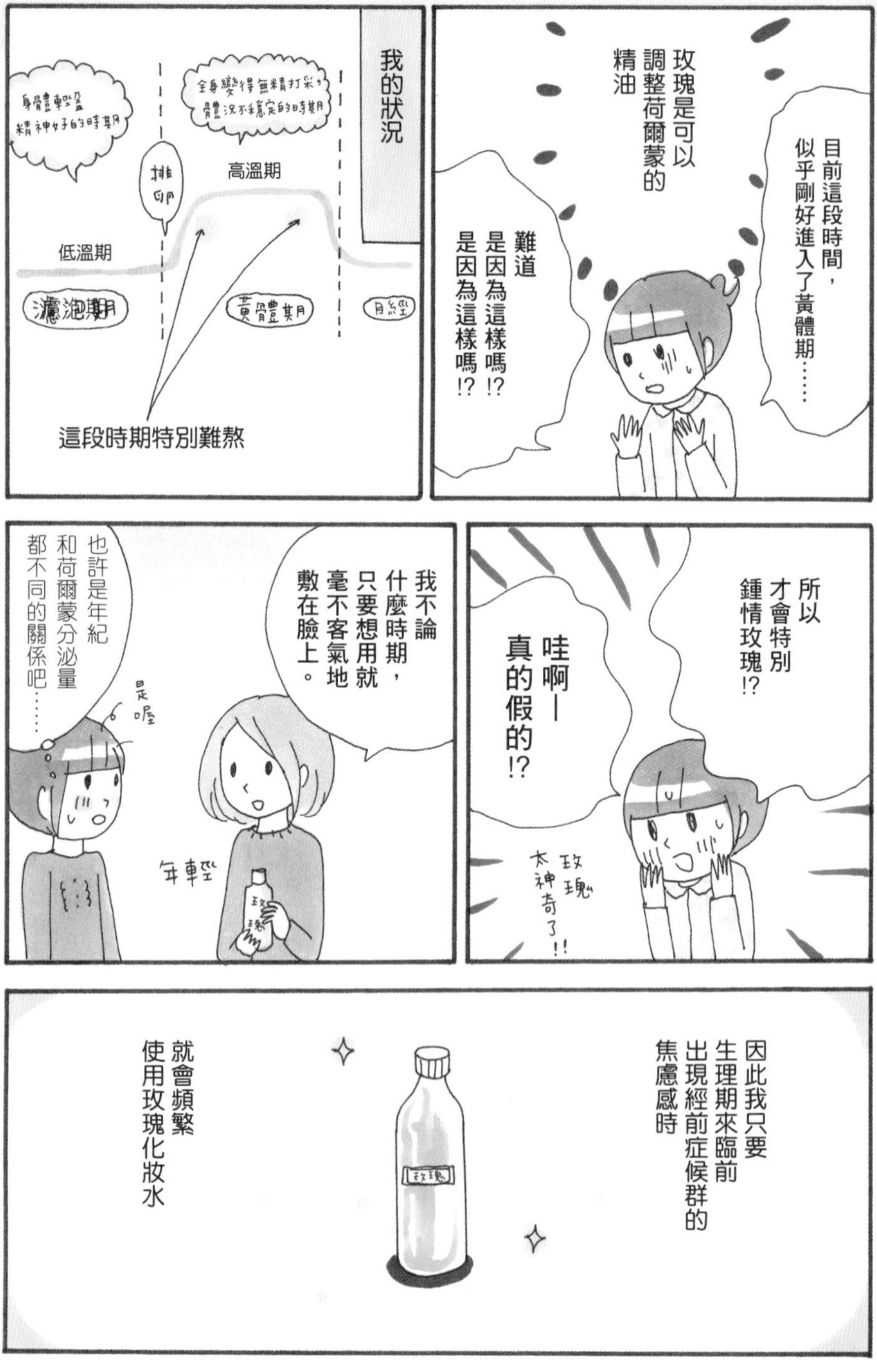
目前這段時間，似乎剛好進入了黃體期……
玫瑰是可以調整荷爾蒙的精油
難道是因為這樣嗎!? 是因為這樣嗎!?
我的狀況
身體輕盈 精神好的時期
全身變得無精打采，體況不穩定的時期
排卵
高溫期
低溫期
濾泡期
黃體期
月經
這段時期特別難熬
所以才會特別鍾情玫瑰!?
哇啊—真的假的!?
玫瑰太神奇了!!
我不論什麼時期，只要想用就毫不客氣地敷在臉上。
玫瑰
年輕
也許是年紀和荷爾蒙分泌量都不同的關係吧……
是喔
因此我只要生理期來臨前出現經前症候群的焦慮感時
就會頻繁使用玫瑰化妝水
玫瑰

連續暴飲暴食的12月某一天
唉—冬天總是特別容易大吃大喝。
我的胃好沉哪……
很懶得出門
啊，粉刺跑出來了。
皮膚變得很粗糙
要用哪一個呢？
薰衣草、橙花、玫瑰……
青春痘的話，應該薰衣草比較有效吧？
薰衣草
橙花
玫瑰
這時候就該輪到第4款洋甘菊化妝水出場了吧!?
驚
我想起洋甘菊精油是屬於療癒系的精油
有過敏症狀或敏感性肌膚的人，都特別鍾愛洋甘菊精油
相信這款化妝水一定能夠溫柔地對待我這脆弱的肌膚
這時候特別需要溫柔的滋潤哪……

嘗試調配看看
1／4～1／2小匙甘油與1滴洋甘菊（德國藍洋甘菊）精油……
是偏果香調的氣味。
和泡茶時喝的洋甘菊味道完全不同耶!!
哇—整個都是藍色的！
沒想到竟然有這種顏色的精油!!
加入100mℓ純水確實混勻
再倒入化妝水用的空瓶裡……
大功告成!!
呵呵呵，我的動作越來越熟練了。
洋甘菊
洋甘菊化妝水

使用之後發現特別適合我目前的肌膚
哇喔……很療癒耶！
這種彷彿水果般令人精神奕奕的香氣，
卻能夠撫慰我這顆脆弱的心，實在太神奇了。
宜人的香味～
更神奇的是，精神很好的時候
嗯……覺得酸味似乎有點太強了。
反而不覺得這個味道聞起來特別舒服了
於是這瓶洋甘菊化妝水
就成為我脆弱時（尤其是腸胃）的必需品
我的情況
洋甘菊
最近吃太多了……
又來了！
洋甘菊……

就這樣4款化妝水
都收集齊全……
洋甘菊
玫瑰
橙花
薰衣草
看當天的身體狀況或心情來挑選使用。
精神好的時候使用橙花
疲勞時就拍一點洋甘菊……
好，今天就使用薰衣草吧。
拍
拍
嗯—今天使用薰衣草及洋甘菊吧。
偶爾也會同時使用2種

將薰衣草及
洋甘菊混合一下。
薰衣草
洋甘菊
拍
拍
因為是自己做的，
愛怎麼用就怎麼用，太開心啦！
用了一陣子之後，便會下意識地依照當天的情緒，選用化妝水呢。
像這樣混搭一下再使用也不錯。
嗯～今天要選哪一個和哪一個呢？
就以這種方式來使用

說到精油，產地與製造商不同，精油的香氣也有所不同喔。
這樣呀。
某百貨公司的精油賣場
貨色齊全——
法國產
法國產（阿爾卑斯地區）
保加利亞產
摩爾多瓦產
薰衣草
真的耶！有的薰衣草味道輕柔，但也有氣味強烈的薰衣草。
香氣濃郁
香氣輕柔
聞
聞
其他常用的精油……
哇喔……!!
德國藍洋甘菊聞起來有蘋果味，但藥草味也很重!!
聞起來很像藥草。
果香調
藥草味

譯註：摩爾多瓦（Moldova），原蘇聯加盟共和國，位於羅馬尼亞及烏克蘭之間。

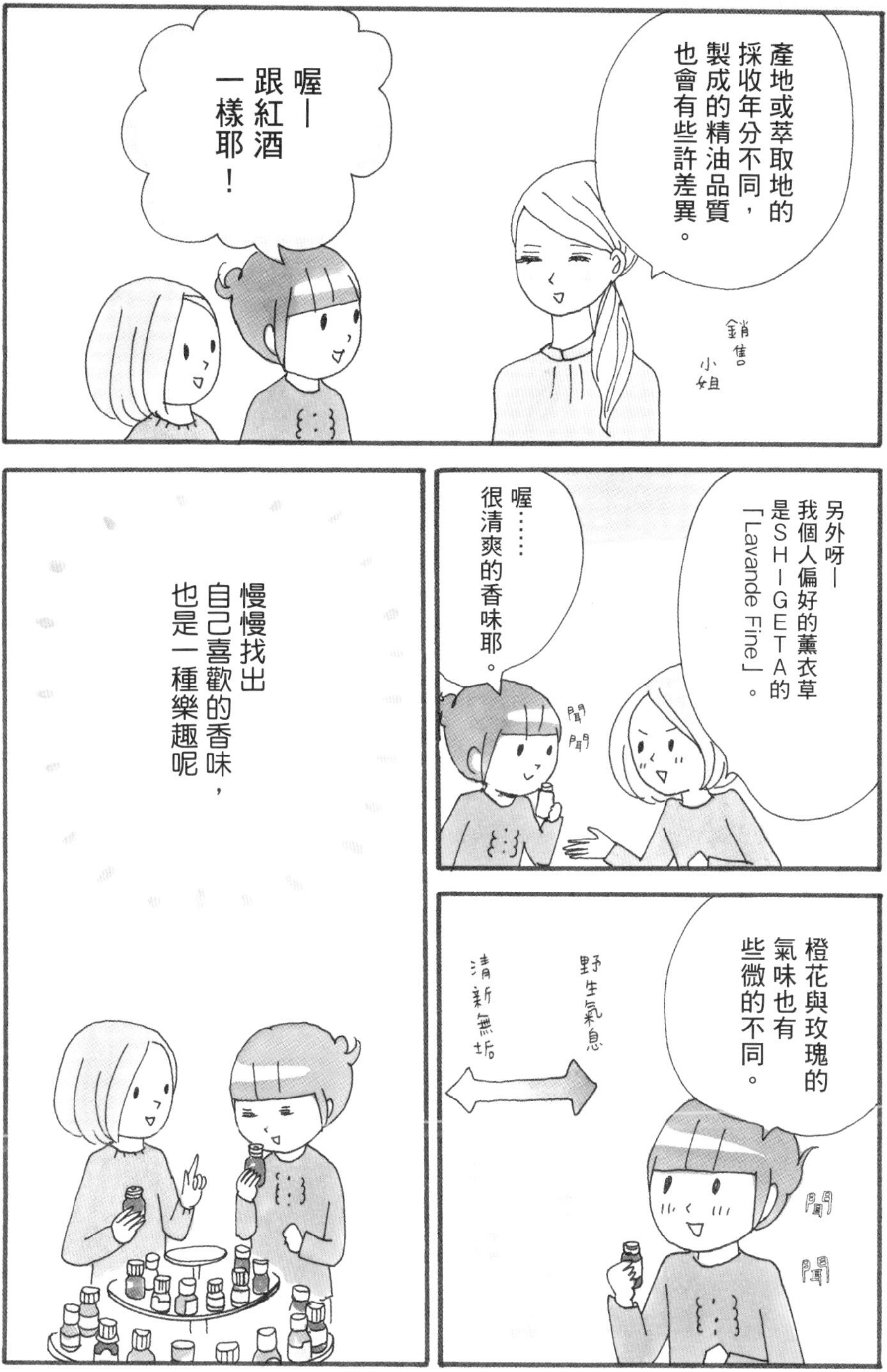

產地或萃取地的採收年分不同，製成的精油品質也會有些許差異。
銷售小姐
喔—跟紅酒一樣耶！
另外呀—我個人偏好的薰衣草是SHIGETA的「Lavande Fine」。
喔……很清爽的香味耶。
聞聞
橙花與玫瑰的氣味也有些微的不同。
野生氣息
清新無垢
聞聞
慢慢找出自己喜歡的香味，也是一種樂趣呢

連帶的好處

「化妝水快用完了，怎麼辦……!!」的壓力整個消失了。
反正自己隨時都能調配呀！

編輯H小姐

我的洗臉檯變得整整齊齊，完全沒有擺滿市售商品那種雜亂無章的感覺了。
嗯—好美呀

我

第二章

找出
命中注定的
護膚油

以化妝水提供肌膚充足的水分之後，
就輪到護膚油出場了。
平常我都是使用乳霜
不太習慣使用油類的產品耶……
是曾經拿過試用品啦……
只要用法正確，就不會有黏膩的問題，也不必擔心油曬現象，1、2滴就夠用了。
不妨利用天然的油脂，提供肌膚所需要的養分吧。
按照肌膚狀況選擇所需要的成分，就能調配出自己專屬的用油了。
個人專屬的油耶!!
好有趣唷—!!
配方真多，好想做做看唷……
夏威夷島護膚油
4種油脂護膚液
山茶花護膚油
玫瑰果護膚油
雀躍
興奮

護膚油的作法
可裝20ml
油脂
1 準備任何喜歡的油脂與附有漏斗的玻璃瓶
2 利用量杯等倒出20ml
如果要混合2種以上的油脂，記得加起來的量是20ml
3 另外再倒入附有漏斗的玻璃瓶內
4 如果是混合型的油脂，一定要搖晃均勻。

重點就只有把油倒入小玻璃瓶內，如此而已!?
太……太簡單了!!
倒入玻璃瓶內的動作之所以重要，是因為這樣才能知道護膚油的使用量。
所以將油倒入附有漏斗、可以1滴1滴倒出來的玻璃瓶內，就是重點嘍。
原來如此!

利用這16種天然油脂相互搭配組合，幾乎就能應付絕大部分的肌膚問題了。
橄欖油
山茶花油
榛果油
澳洲胡桃油
荷荷芭油
甜杏仁油
酪梨油
馬油
太白胡麻油
南瓜子油
核桃油
夏威夷核果油
月見草油
玫瑰果油
紫蘇油
亞麻仁油
哇，好多唷！
其中有各種成分
可以按照自己的需求來選擇。
這些全都是有益肌膚的油脂嗎？
※各種油脂的性質請參考72頁。

可是我不知道自己的肌膚適合哪一種油耶……
而且也想混合使用看看……
這樣的話，不妨從單品的橄欖油開始嘗試吧。

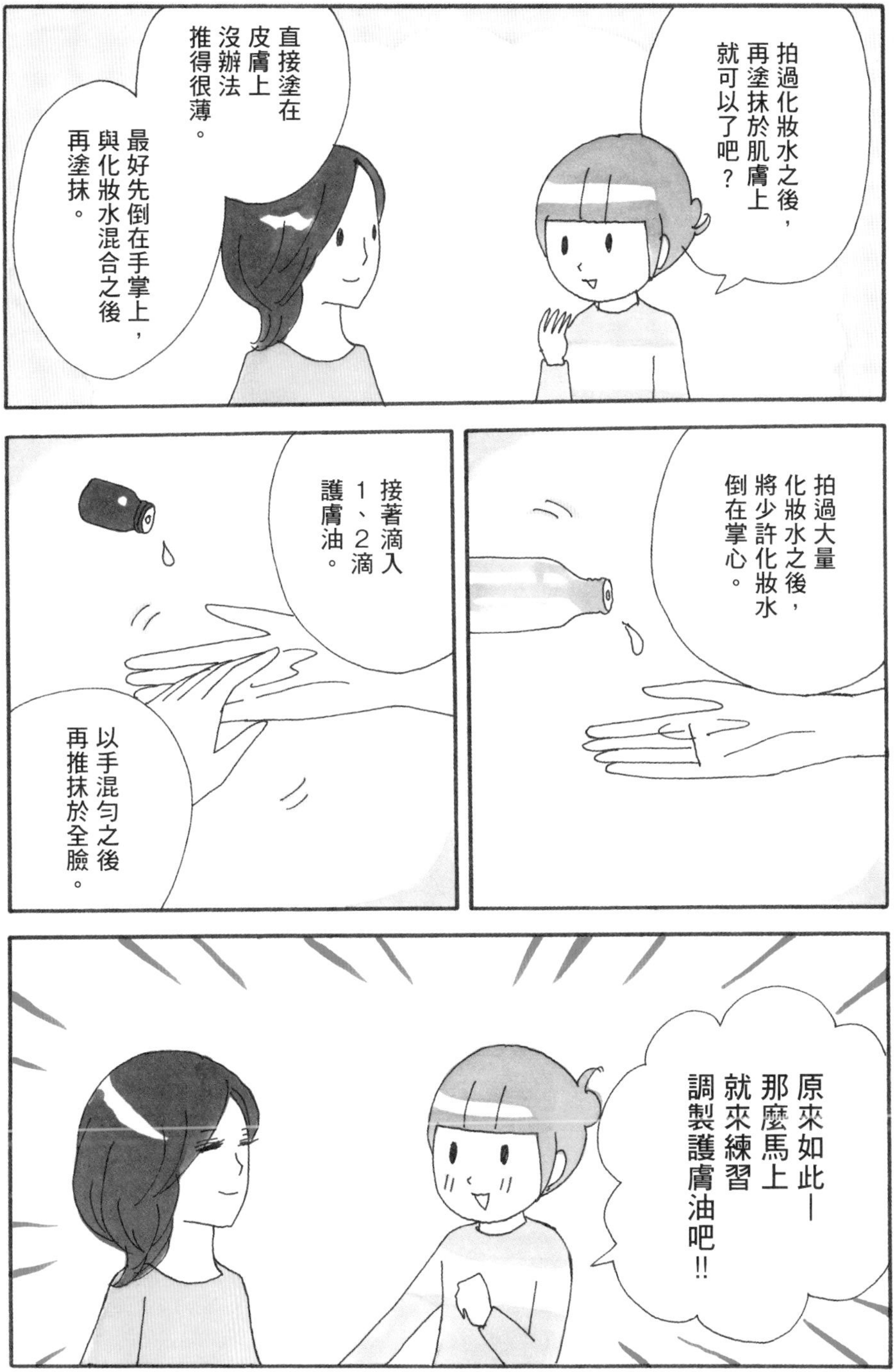
拍過化妝水之後，再塗抹於肌膚上就可以了吧？
直接塗在皮膚上沒辦法推得很薄。
最好先倒在手掌上，與化妝水混合之後再塗抹。
拍過大量化妝水之後，將少許化妝水倒在掌心。
接著滴入1、2滴護膚油。
以手混勻之後再推抹於全臉。
原來如此—那麼馬上就來練習調製護膚油吧!!

當食用油，化妝油被實際使用的時候，請提前參閱73頁中的說明。

首度嘗試調製護膚油！
一開始決定先從最容易取得的橄欖油下手
之前買的橄欖油還放在廚房，用這個就可以了吧。
醋
酒
味醂
橄欖油中含有豐富的油酸及角鯊烷，這些都是構成皮脂的重要成分
因此具有極佳的保濕力！
Vergine di Oliva
準備的材料有橄欖油和
附有漏斗的化妝水空瓶。
其實我本來是想買像這樣的瓶子
但完全找不到……
買到的是藍色的玻璃遮光瓶（精油用）。
算了，這種看起來比較專業（？）吧！
購於loft 120元
買的是10ml的小瓶子

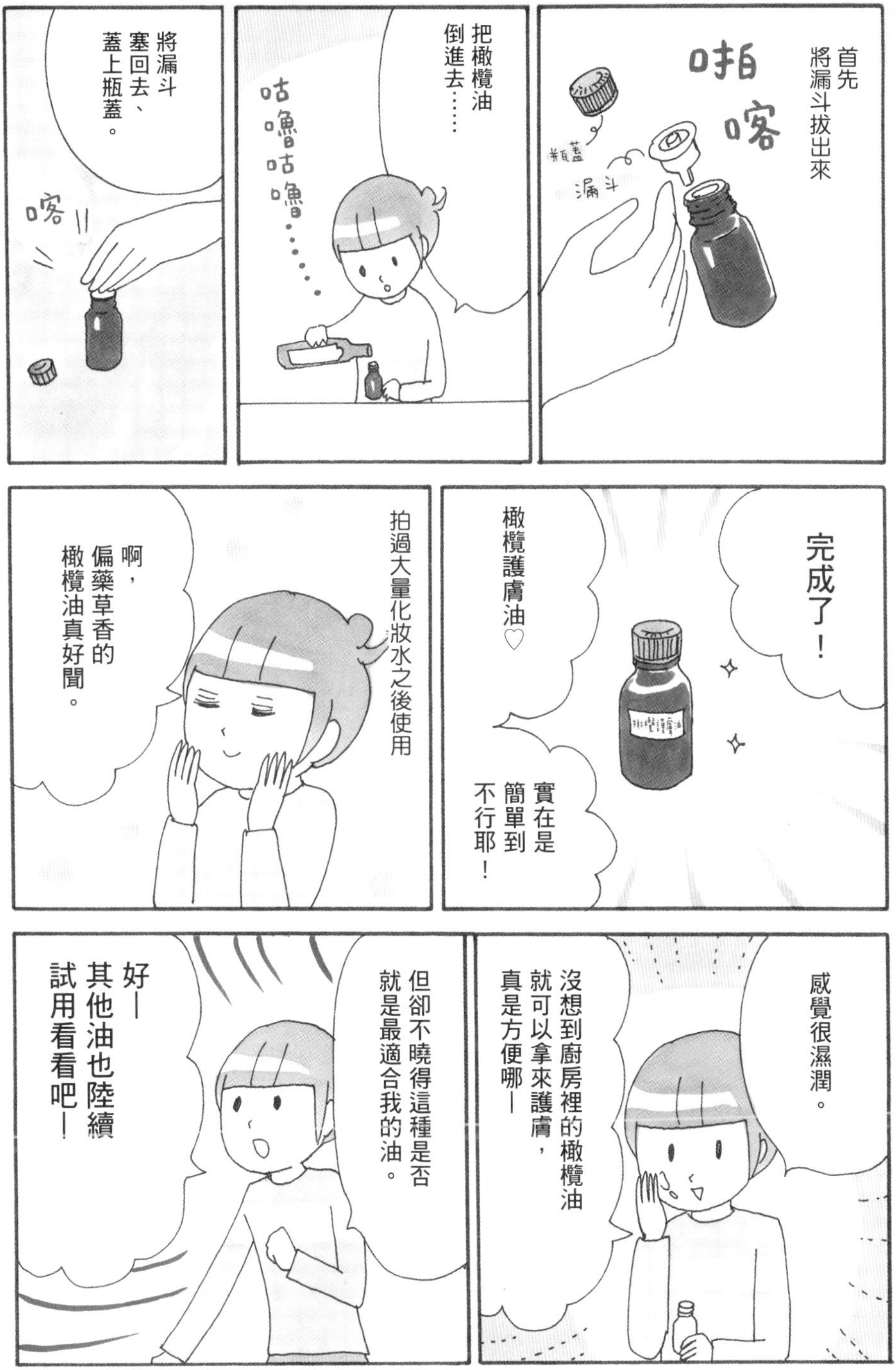
首先將漏斗拔出來
啪喀
瓶蓋
漏斗
把橄欖油倒進去……
咕嚕咕嚕……
將漏斗塞回去、蓋上瓶蓋。
喀
完成了！
橄欖護膚油♡
實在是簡單到不行耶！
拍過大量化妝水之後使用
啊，偏藥草香的橄欖油真好聞。
感覺很濕潤。
沒想到廚房裡的橄欖油就可以拿來護膚，真是方便哪—
但卻不曉得這種是否就是最適合我的油。
好—其他油也陸續試用看看吧！

橄欖油
感覺還不錯。
但說不定
還有其他
更適合我的油……
雖然說有滿多人都說
橄欖油最棒！
但是……
嗨—
要不要
和我
交往？
這個道理……
就像是不可能把
一輩子就交給第一個
認識的人一樣啊……♡
酪梨油
澳洲胡桃
月見草油
荷荷芭油
好!!
趕快來試做看看吧
於是緊接著挑戰荷荷芭油
荷荷芭油
當中含有
50%的「蠟」，
是構成皮脂的
主要成分。
對肌膚
很好—♡
也可用來
調製保濕霜，
看來搭配這種油脂，
似乎可以創造出
許多功效呢。
超市裡沒有
販賣荷荷芭油，
於是向
精油專賣店訂購
非食用油

※請參考第3章
（75頁）。

準備荷荷芭油及附有漏斗的玻璃瓶。
藍色遮光瓶
GAIA 荷荷巴油 50ml 1452元
Jojoba
取下漏斗。
啪
將荷荷芭油倒入玻璃瓶中……
咕嚕咕嚕
Jojoba
完成了！
荷荷芭護膚油。
荷荷巴護膚油
試用看看
哇喔……有種特別的光澤感耶，真不錯。
閃閃動人
荷荷芭油感覺也挺好的－
好－再來試試看其他油吧。
光澤
亮麗

＊小專欄＊ 注意護膚油不可使用過量！

我一邊嘗試著使用各種油脂，就這樣持續過了2星期
啪
啪
正在試用澳洲胡桃油
奇怪……？
不知道為什麼，出現了類似油疹的紅色小顆粒……
唉呀—？
我的皮膚該不會是長油疹了……？
難道是使用了不合適的油脂!?
妳抹了多少油？
看起來似乎是塗太多油了……
我？因為怕乾燥所以倒了滿多在手上……
編輯H小姐
啊
拿捏油脂的使用量非常重要
1、2滴油脂就足夠了
前田小姐

不知不覺中忽略了該謹守的使用量，拚命倒拚命抹的結果……
塗抹
塗抹
塗抹
糟糕！一定就是這個原因啦！
當初明明有告誡過我！
氣
氣
笨蛋
大笨蛋
是呀！
當時就有叮嚀千萬要注意油脂的使用量。
前田小姐出場
若是已經幫肌膚補充過水分，就只需要追加1、2滴油脂就足夠了。
頂多3、4滴
書上明明就提醒了好幾次。
現在才看到
而且不可以倒出來直接就抹在臉上喔。
塗抹的方式也很重要，大家不妨跟著再複習一次吧。

如何使用護膚油

1

以化妝水
幫肌膚補充足夠的水分。
輕輕壓一下臉，
肌膚變得柔軟
就OK了。

2

倒少量化妝水
在手掌上

3

再滴入1、2滴護膚油，
然後以手搓勻。

4

這樣一來，即使用量不多
也足夠塗滿全臉了。

不論我怎麼塗，肌膚就是沒有滋潤的感覺，才會不知不覺下手越來越重……
那是因為這種油不適合妳的緣故。
適合自己肌膚的油脂，只需要1、2滴，肌膚就會覺得很滋潤了。
原來如此ー
量少卻能深層滋潤肌膚，這種真正適合我的油應該就在某處等著我!!
於是我便踏上了尋找命中注定的油脂之旅
啪沙ー
我去去就回。

適合我的油究竟在哪兒呀……
嘗試過橄欖油與荷荷芭油之後
→
因為大量塗抹澳洲胡桃油，臉上出現了紅疹……
※油本身無罪呀
在超市
油品區
酪梨
甜杏仁
既然如此，我就繼續嘗試看看其他各種油吧。
美國傳統嬰兒油
酪梨油
抹起來好舒服唷♡！
只是不知道是好是壞……
超愛酪梨♡
在超市買的食用油 250ml 567元
歐洲傳統嬰兒油
甜杏仁油
在超市買的食用油 230g 237元
咦—？
這個塗在臉上的感覺也不錯！
燒燙傷藥
馬油
在藥房買的 70ml 380元
感覺像面霜，很好使用
含有大量α－亞麻酸的
紫蘇油
在超市買的食用油 110g 396元
含有豐富維他命C的
玫瑰果油
在生活之木買的 25ml 497元
嗯—？
咦—？
含有大量γ－亞麻酸的
月見草油
在GAIA買的 20ml 410元

偶爾也會碰到有些人並不適用堅果油。不過，澳洲胡桃油內所含的棕櫚烯酸在對付皺紋、斑點等預防老化方面效果非常好，如果你的肌膚適合使用這種油，強烈推薦你選擇這款油脂。

試了這麼多種，
反而搞不清楚
究竟哪個好了
天哪……
到底誰才是我的真命天子啦!?
玫瑰果油
酪梨油
紫蘇油
不過──!!
雖然搞不清楚哪個有效，
但當中有一種油，
抹在臉上感覺還滿舒服的。
說不定我中意的就是它……♡
那就是
玫瑰果
玫瑰果油。
似乎一下子就被皮膚吸收了。
感覺滿不錯的。

玫瑰果護膚油的調製方法
玫瑰果油是在精油專賣店買的。
把化妝水空瓶的漏斗拔起
拔
將玫瑰果油倒進去……
咕嚕咕嚕
塞回漏斗並蓋上瓶蓋
喀嚓
玫瑰果護膚油就完成啦！
這次塗抹方式一定要正確。
哼
首先以化妝水徹底滋潤肌膚。
拍
拍
今天想使用的是薰衣草化妝水☆
薰衣草

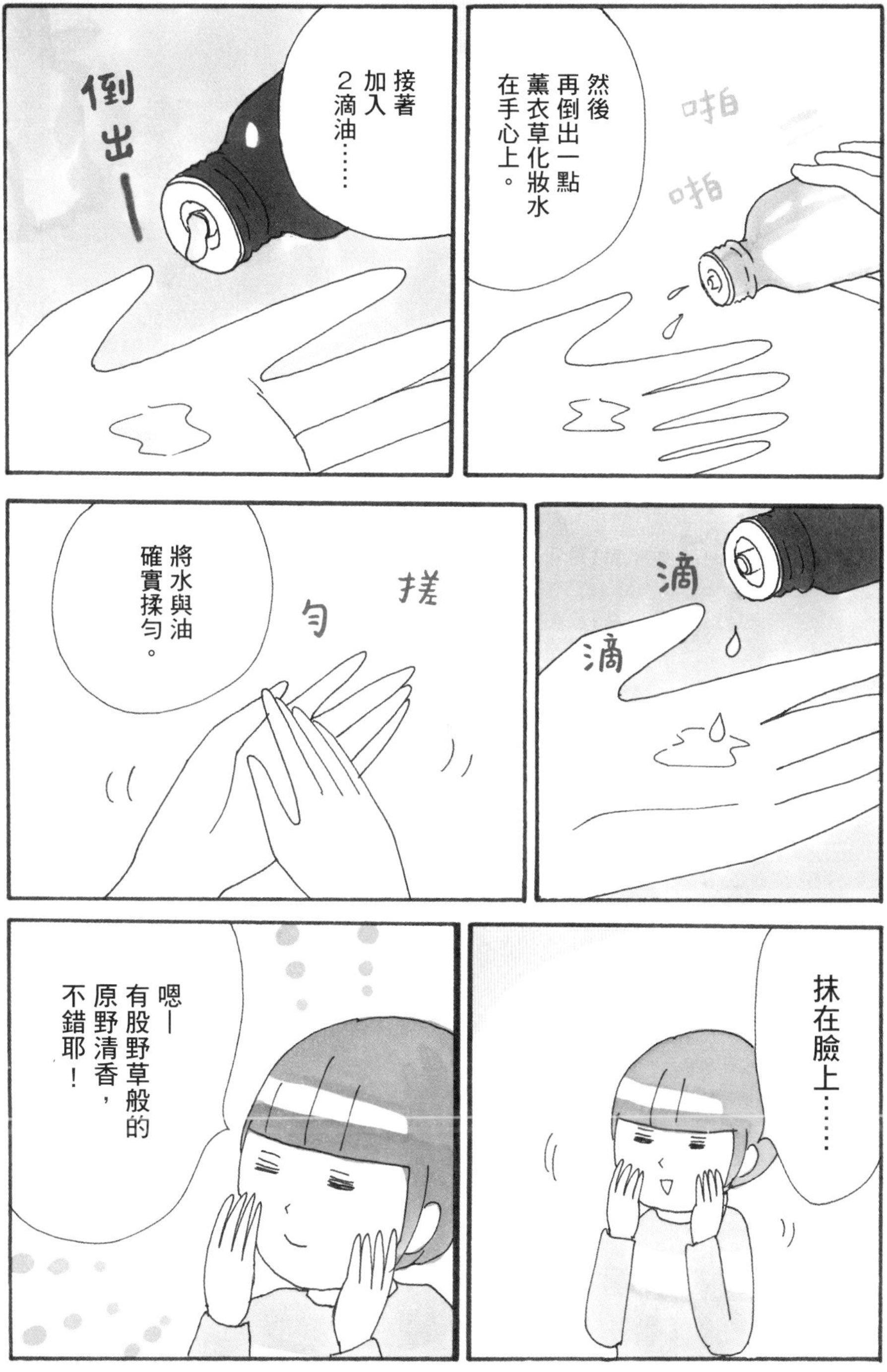
然後
再倒出一點
薰衣草化妝水
在手心上。
啪
啪
接著
加入
2滴油……
倒出ー
滴
滴
將水與油
確實揉勻。
搓
勻
抹在臉上……
嗯ー
有股野草般的
原野清香，
不錯耶！

重點是這種黏稠感立刻就被皮膚吸收掉的感覺……
真棒……!!
令人有種安心感!!
其他比較清爽的油脂，它們究竟有沒有滋潤肌膚的效果，其實我並不知道
清爽
請問一下……
前田京子小姐登場
呵呵呵……就玫瑰果油的成分來說，其實它是屬於比較清爽的護膚油喔。
啊!
前田小姐!!
之所以覺得黏稠感立刻被肌膚吸收，是因為這正是最適合妳的油脂。
喔，是這樣嗎!!
的確，只使用了1、2滴感覺就很滿意
說不定這就是我命中注定的油啊
所以我的尋油之旅，終點就決定停留在玫瑰果油身上了!!
說不定過幾天又要重新啟程。

至於編輯H小姐
我一開始時試用的夏威夷核果油效果很棒，所以我就一直只使用這種油。
喔！
在夏威夷買的特產
也就是說……
「初次相親便彼此一見鍾情」嘍……
就是他了。
心動
請問您相親過幾次？
這是第10次了……
至於我麼
真是不好意思……
前方還有各種類型與機會等待著妳呢，各位也加把勁，努力找出妳的「命中注定之油」吧
好耀眼喔……

複習篇：護膚油大集合

對於推薦的16款油脂，
針對油脂的特色做個簡單的複習。
大家不妨參考這篇文章，
找出屬於妳自己的油吧。
（從1開始按照保濕力高、質地黏稠
→清爽好推抹的質地，依序介紹）。

1 橄欖油	保濕力高，最受歡迎的油脂！ 含有皮脂成分「角鯊烷」，是最基本的護膚油。
2 山茶花油	和橄欖油相同，具有極佳的保濕力。 食用上也十分健康美味。
3 榛果油	具有飽滿香氣的傳統護膚油。 選購時特別推薦產自南美洲的商品。
4 澳洲胡桃油	抗老化的守護神。 對付皺紋、斑點、粗糙肌膚特別有效。
5 荷荷芭油	含有豐富的皮脂成分「蠟」。 不易氧化，肌膚的適應力較強。
6 甜杏仁油	在所有高保濕力的油脂中， 質地最清爽無負擔。
7 酪梨油	低敏感性油脂， 尤其推薦給不適用堅果類油脂的人。
8 馬油	可治療燒燙傷等傷口的傳統動物性油脂。 質地意外清爽不油膩。

9　太白胡麻油	滋潤卻清爽不油膩， 是印度傳統的抗老化護膚油。
10　南瓜子油	能夠調整身體及肌膚狀況 又兼具營養與美味的油脂。
11　核桃油	肌膚適應力強、質地清爽的油脂。核桃油的滋味 非常好，也很推薦透過飲食的方式來護膚。
12　夏威夷核果油	能夠幫助肌膚抵抗紫外線， 同時具有鎮定青春痘或問題肌膚的功效。 不耐熱及光線，保存時要特別注意。
13　月見草油	具有消炎、鎮定作用，屬於容易推抹的油脂。
14　玫瑰果油	應付發炎、皺紋、斑點的效果非常好。 屬於敏感容易氧化的油脂， 保存上必須特別注意。
15　紫蘇油	含有多種改善肌膚狀況的成分， 屬於清爽型的油脂。 也很推薦作為沙拉醬汁。
16　亞麻仁油	與紫蘇油相同，屬於可透過食用方式 來護膚的健康油，質地清爽。

＊油品類販售時雖然有區分食用油及化妝用油，若能確定自己在使用上沒有任何問題，選擇食用油或化妝用油都無妨。不論哪一種製法，並非每一種油脂都適合或不適合任何人，使用前請先在手腕內側進行測試，觀察半天確認是否適合自己的膚質再使用。一般說來，使用時化妝用油的質地感覺上比食用油來得清爽。

＊不論使用的是食用油或化妝用油，只要感到不合適，務必立即停止使用。

＊關於保存方式及使用期限，請參考購買商品上的標示。

＊請不要食用以化妝用油等級販售的油脂（笑）。

新手們也能輕鬆完成的綜合配方

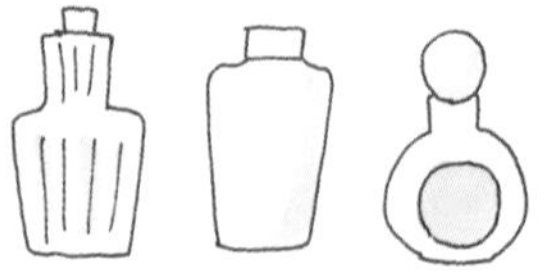

4種油脂護膚油

集合所有健康肌膚必需成分的超奢華配方

材料

橄欖油 …… 5ml
荷荷芭油 …… 5ml
甜杏仁油 …… 5ml
澳洲胡桃油 …… 5ml

作法

將以上的油脂倒入可以每次倒出1滴油的玻璃空瓶內，蓋好瓶蓋確實搖晃均勻即可。

夏威夷核果護膚油

適用於豔陽高照的季節、能夠抵擋紫外線的配方

材料

夏威夷核果油 …… 5ml
荷荷芭油 …… 5ml
澳洲胡桃油 …… 5ml

作法

將以上的油脂倒入可以每次倒出1滴油的玻璃空瓶內，蓋好瓶蓋確實搖晃均勻即可。

第三章

進階護膚的保濕霜

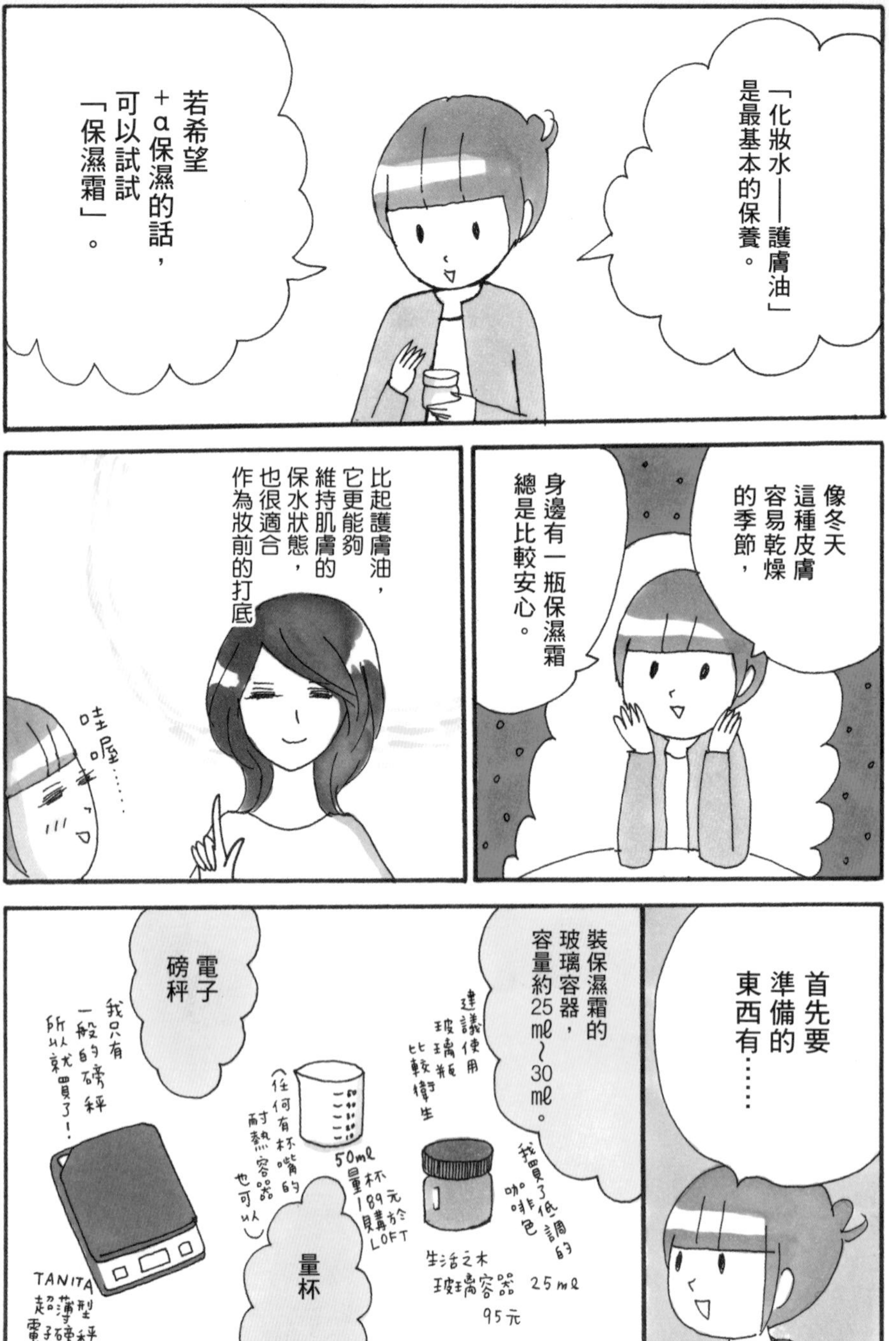
「化妝水——護膚油」
是最基本的保養。
若希望
＋α保濕的話，
可以試試
「保濕霜」。
像冬天
這種皮膚
容易乾燥
的季節，
身邊有一瓶保濕霜
總是比較安心。
比起護膚油，
它更能夠
維持肌膚的
保水狀態，
也很適合
作為妝前的打底
哇喔……
首先要
準備的
東西有……
裝保濕霜的
玻璃容器，
容量約25mℓ~30mℓ。
建議使用
玻璃瓶
比較衛生
我買了很低調的
咖啡色
生活之木
玻璃容器 25mℓ
95元
量杯
50mℓ
量杯
189元
購於
LOFT
(任何有杯嘴的
耐熱容器
也可以)
電子
磅秤
我只有
一般的磅秤
所以就買了！
TANITA
超薄型
電子磅秤
346元

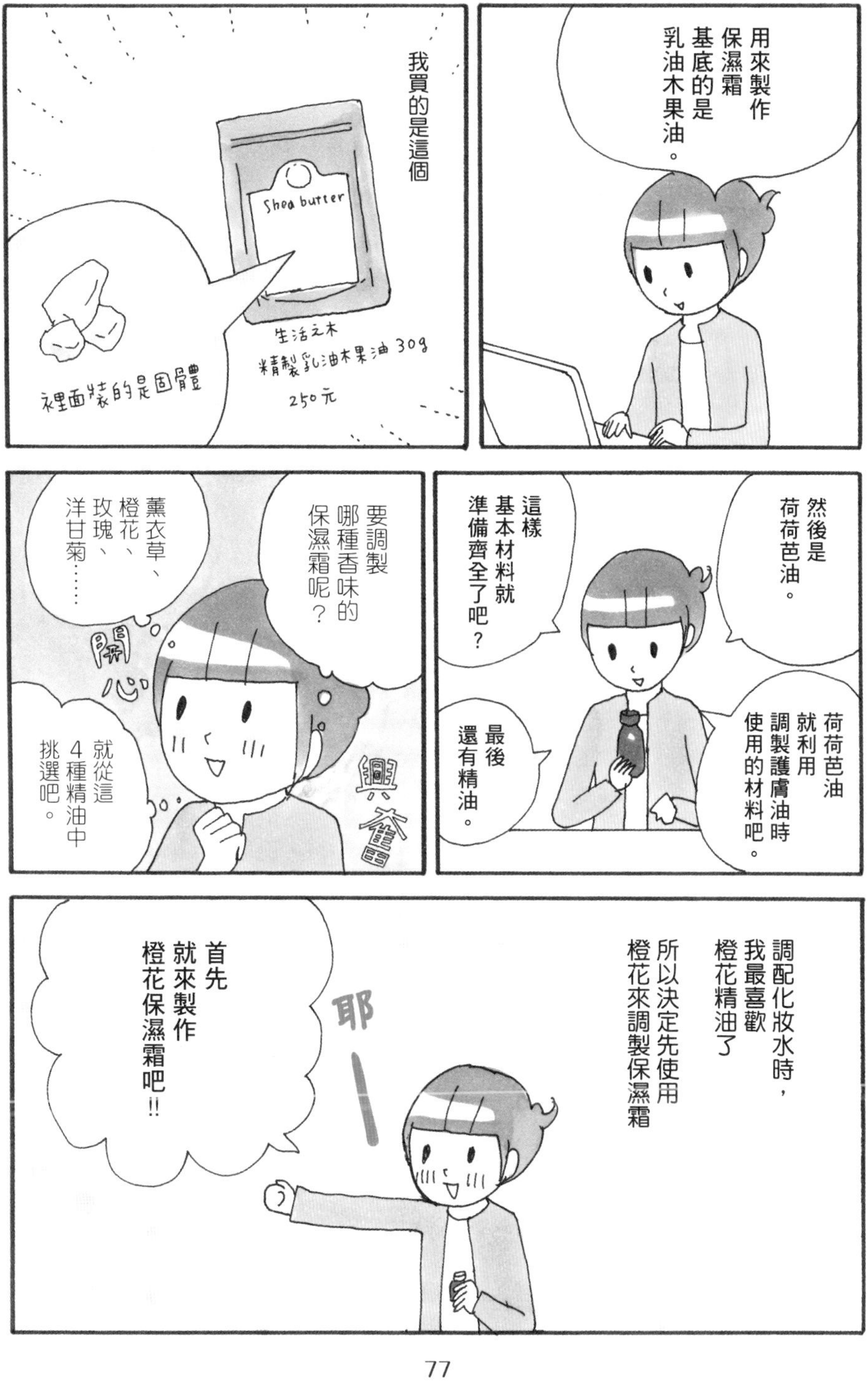
用來製作保濕霜基底的是乳油木果油。
我買的是這個
Shea butter
生活之木
精製乳油木果油 30g
250元
裡面裝的是固體
然後是荷荷芭油。
荷荷芭油就利用調製護膚油時使用的材料吧。
這樣基本材料就準備齊全了吧？
最後還有精油。
要調製哪種香味的保濕霜呢？
薰衣草、橙花、玫瑰、洋甘菊……
開心
興奮
就從這4種精油中挑選吧。
調配化妝水時，我最喜歡橙花精油了
所以決定先使用橙花來調製保濕霜
首先就來製作橙花保濕霜吧!!
耶ー

橙花保濕霜的調製方法
利用電子磅秤秤出17公克乳油木果油……
先把量杯放上去後將磅秤歸零
啊！放太多了！
滾
以湯匙挖回去。
乳油木果油因為是固體，不太好操作呀。
手忙
腳亂
秤出17公克後，再次將磅秤歸零。
嗶
接著倒入8公克荷荷芭油……
咕嚕嚕～
嗶—
將量好的乳油木果油及荷荷芭油隔水加熱熔化。

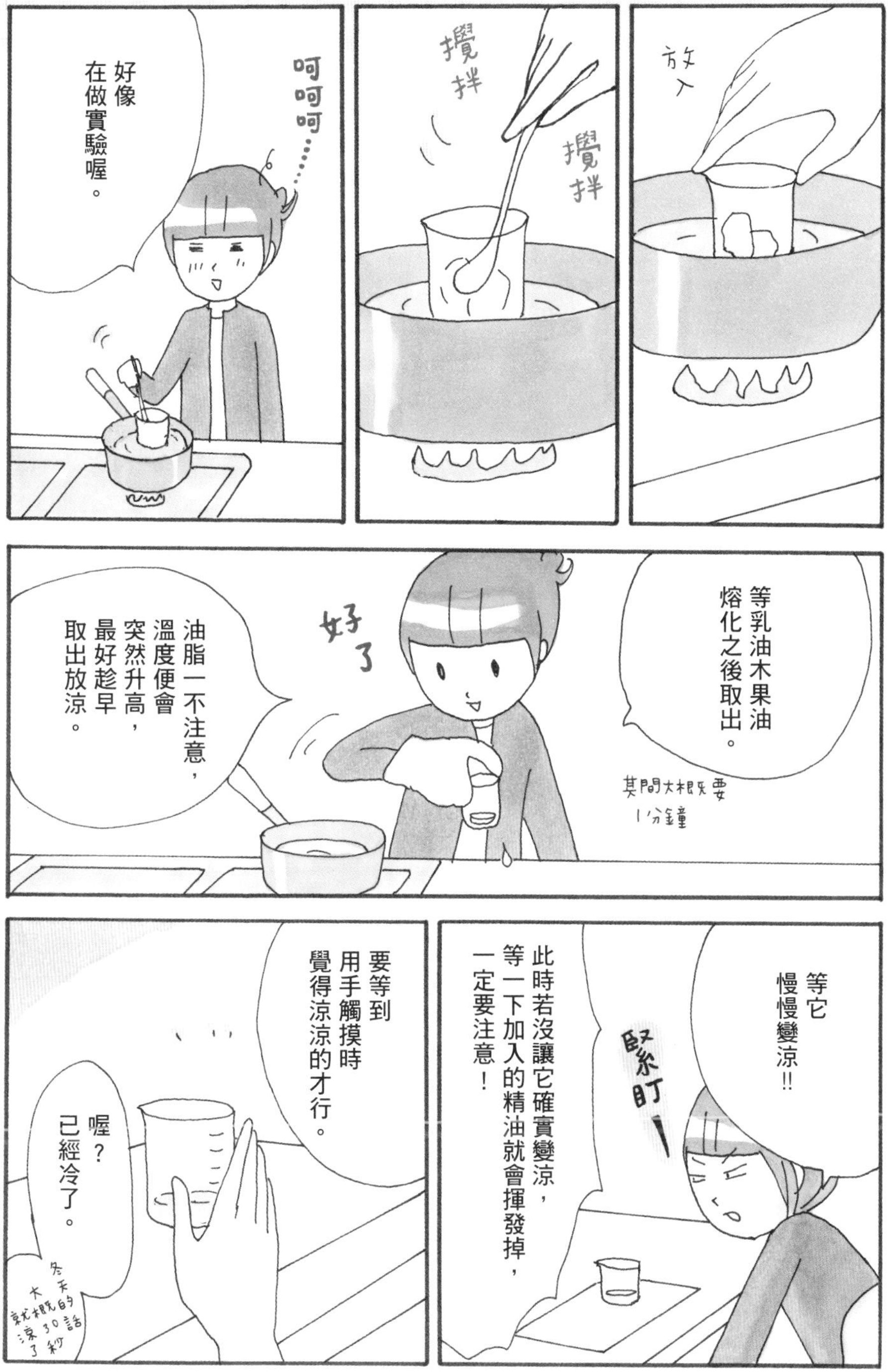

放入
攪拌
攪拌
好像在做實驗喔。
呵呵呵……
等乳油木果油熔化之後取出。
其間大概要1分鐘
好了
油脂一不注意，溫度便會突然升高，最好趁早取出放涼。
等它慢慢變涼!!
緊盯
此時若沒讓它確實變涼，等一下加入的精油就會揮發掉，一定要注意！
要等到用手觸摸時覺得涼涼的才行。
喔？已經冷了。
冬天的話大概30秒就涼了

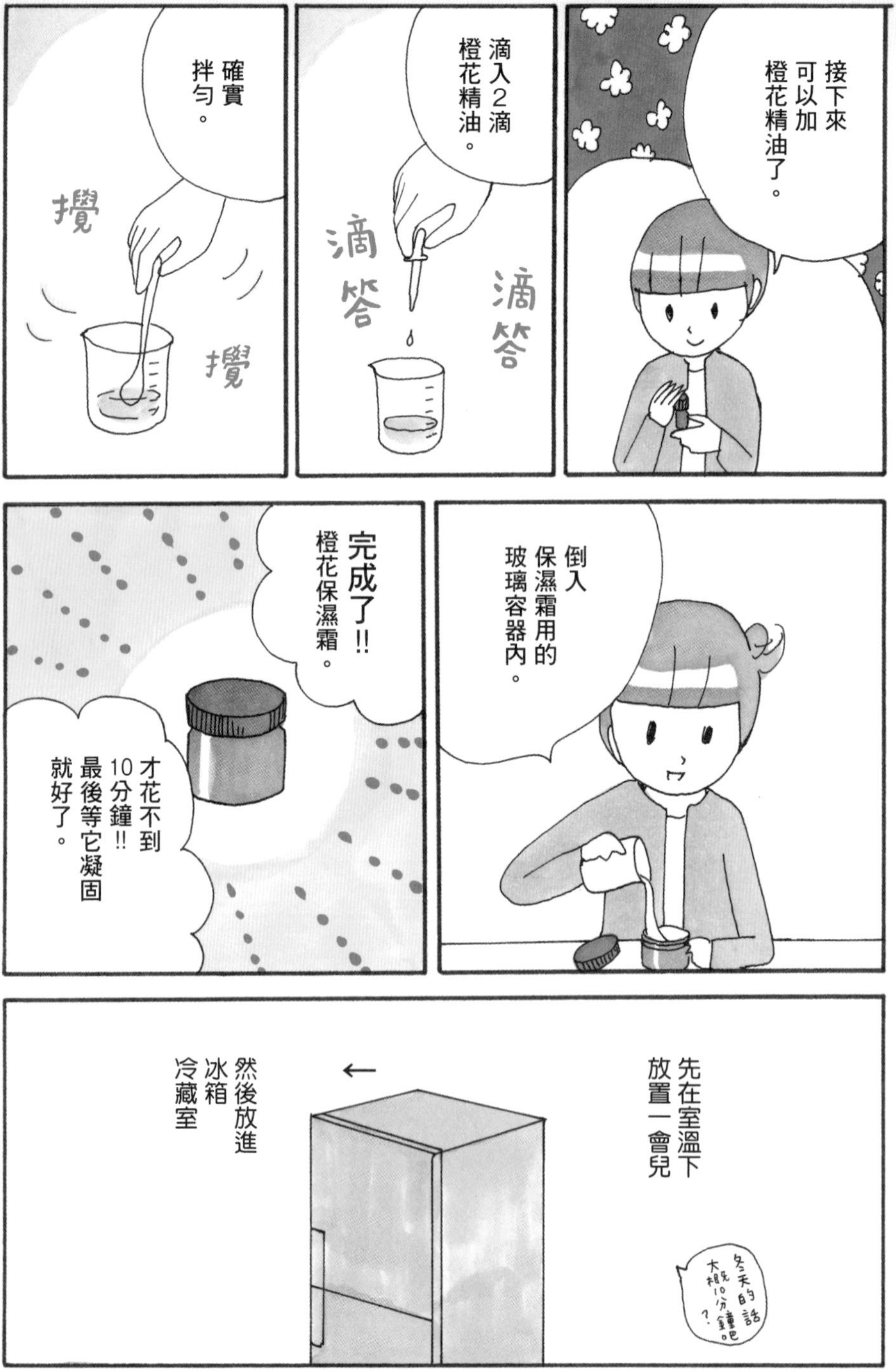
接下來可以加橙花精油了。
滴入2滴橙花精油。
滴答
滴答
確實拌勻。
攪
攪
倒入保濕霜用的玻璃容器內。
完成了!!橙花保濕霜。
才花不到10分鐘!!最後等它凝固就好了。
先在室溫下放置一會兒
冬天的話大概10分鐘吧??
←
然後放進冰箱冷藏室

耶ー我的橙花保濕霜做好嘍！
比想像中簡單耶ー
乳白顏色真是美麗
真的就是乳霜耶！（感動）
試用看看
以手指沾取少量
約1～2匙掏耳勺的分量
和使用護膚油的方法相同，與少量化妝水拌勻後再塗抹
啪
啪
喔！
哇喔！
橙花香加上乳油木果油的黏稠感
好……好大人的感覺唷……!!

香味的呈現方式與化妝水截然不同～
更加黏稠而濕潤
比起化妝水，保濕霜的橙花香更加立體而明顯
而且使用保濕霜的話，香味在肌膚上停留的時間會更久
顯得更有女人味!!
我心目中的好女人形象 = 穿著風衣
因荷荷芭油產生的光澤
閃閃發亮
調製保濕霜實在太有趣啦！
接著來試做青蘋果保濕霜吧！

實際體驗過橙花保濕霜的舒適感後
接下來要利用相同的基底油，
只改變香味來試做青蘋果保濕霜。
利用洋甘菊及薰衣草，就能調配出有著青蘋果芳香的保濕霜了
只有洋甘菊同樣也能製造出青蘋果香味。
青蘋果香，很女孩的風味耶，感覺滿不錯的
就用這樣的標籤吧
使用相同的基底油，作法就和橙花保濕霜一樣。
先秤出17公克乳油木果油與8公克荷荷芭油。
乳油木果油
荷荷芭油
接著隔水加熱……

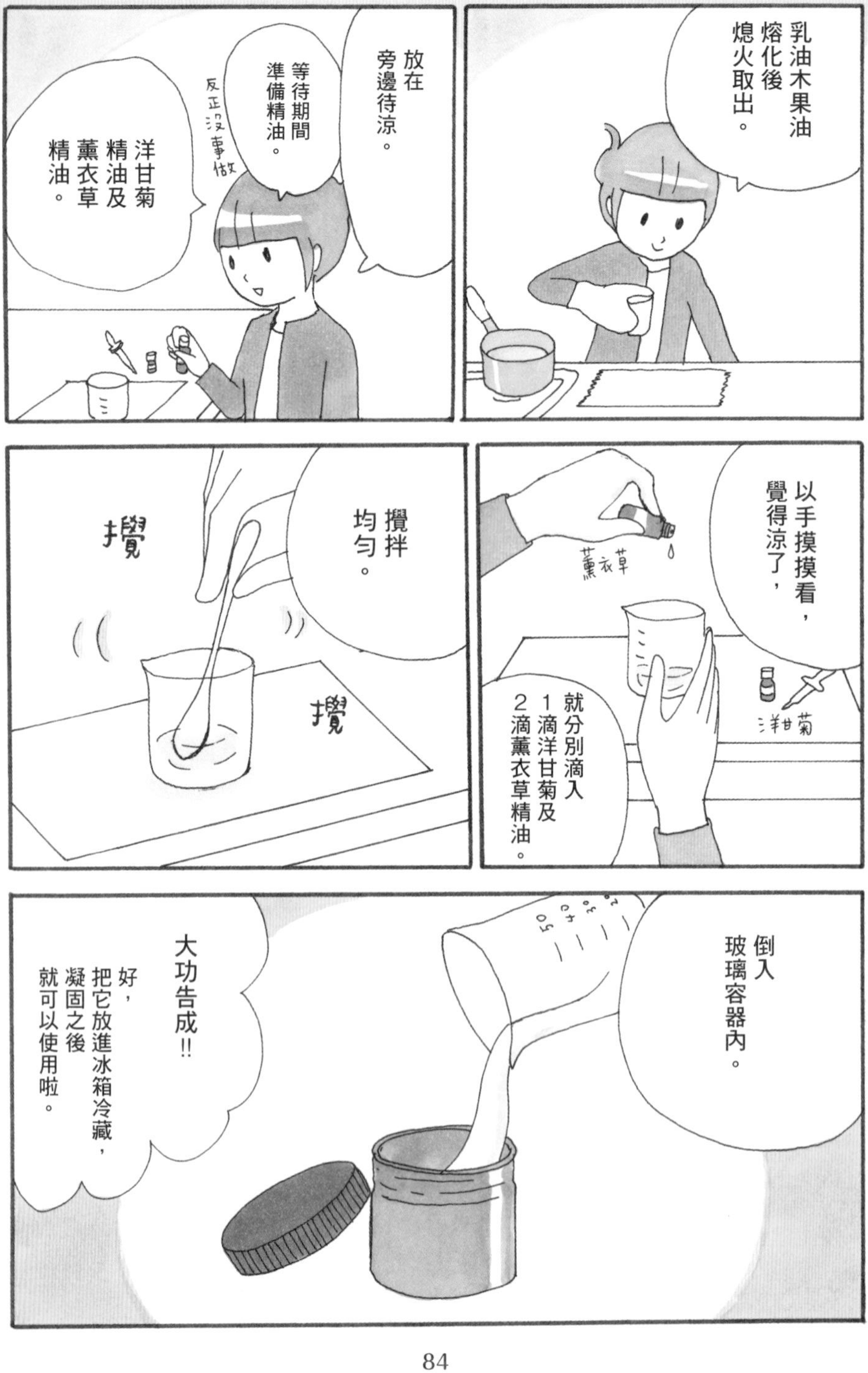
乳油木果油熔化後熄火取出。
放在旁邊待涼。
等待期間準備精油。
反正沒事做
洋甘菊精油及薰衣草精油。
以手摸摸看，覺得涼了，
薰衣草
洋甘菊
就分別滴入1滴洋甘菊及2滴薰衣草精油。
攪拌均勻。
攪
攪
倒入玻璃容器內。
大功告成!!
好，把它放進冰箱冷藏，凝固之後就可以使用啦。

保濕霜成品帶著淡淡的藍色
好可愛的顏色!!
凝固後變成洋甘菊的藍色了。
沾
塗
抹
味道也很可愛耶!!
心—動
以「可愛」或「不可愛」來形容味道似乎有些奇怪，但是這味道真的很可愛!!
真的是蘋果的味道
這款保濕霜裝在白色容器內更加亮眼。
當禮物送人一定會大受好評吧。

試用之後我發現了一件事
咦？這個保濕霜有點沙粒感耶……？
雖然塗上去之後就沒這種感覺。
馬上就化掉了
但是以手沾取時確實有種顆粒感。
之前做的橙花保濕霜質地比較軟滑……
去請教前田小姐
請問－我是做失敗了嗎？
也不算是失敗啦……
妳把保濕霜裝入容器內之後，
當它還有點兒溫熱時就放進冰箱了，對吧？
添加荷荷芭油的保濕霜突然遇到低溫時會出現結晶顆粒。
Jojoba
啊－我這次做完時的確馬上就放進冰箱了。

從這種小事就能看出我這個人做事有多麼草率……
唉呀
所以做完請放置到常溫後，再放入冰箱冷藏。
原來如此呀。
還有，在比較冷的房間裡調製，同樣也容易出現結晶喔。
雖然使用起來有顆粒感，但因為成分相同，直接使用是沒有問題的。
如果很在意，可以再次加熱、重新凝固。
不過這麼做精油會揮發，記得要再重新補足精油。
了解！
既然如此，就繼續使用吧。
抹
抹
過幾天再重新調製一份
便成功做出柔軟滑順的青蘋果保濕霜了
<UTSURO的隨興筆記>
我發現荷荷芭油若是稍微放少一點就不容易失敗！

我還是很想嘗試最基本的薰衣草保濕霜。
來試做看看吧。
要準備的物品
乳油木果油
荷荷芭油
薰衣草精油
取17公克乳油木果油及8公克荷荷芭油隔水加熱。
等乳油木果油熔化後熄火取出。
放置待涼後滴入5滴薰衣草精油。
仔細攪拌均勻後倒入保濕霜用的玻璃容器內。
放置一段時間降至常溫後再放入冰箱冷藏
等保濕霜凝固就完成了！
嗯——
薰衣草的香味真好聞。
令人安心的氣味♡

保濕霜的作法

採用荷荷芭油調製，常溫下
放置1年左右還是可以使用。

◇材料◇

荷荷芭油 ----- 8g
乳油木果油 ----- 17g
花類精油（任何喜歡的味道）
若是使用薰衣草精油 ---- 5滴
若是使用玫瑰、橙花、洋甘菊精油 --- 2滴
保濕霜用的玻璃容器 ---- 1個

1

將乳油木果油與荷荷芭油
放入附有杯嘴的量杯等
耐熱容器內，
隔水加熱讓油脂熔化。

2

熔化後離火，
放置待涼至
可以手觸碰耐熱容器的程度時，
加入花類精油，利用竹籤或
玻璃棒攪拌均勻。

油脂溫度
太高時，
加入的精油
會立即揮發，
調配時一定
要注意。

3

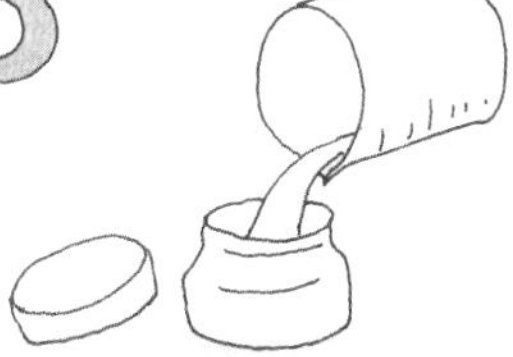

倒入保濕霜用的玻璃容器內，
蓋上瓶蓋。

到此為止
大概要
10分鐘

熟練之後大概
只要5分鐘？

4

放涼到常溫時
即可置入冰箱冷藏，等待凝固。
大概1小時就會凝固。
凝固後立刻從冰箱取出，
就不容易出現顆粒感。

以基本的乳油木果油＋荷荷芭油調製的保濕霜，已經做出3款了。
接著我要稍微變化一下。
將乳油木果油換掉，改試用
芒果脂
看看
芒果脂是什麼東西呢？
芒果脂則是萃取自芒果種子的油脂
乳油木果油是萃取自乳油木果種子的油脂
淡淡的黃色
※這兩種油脂都具有抗紫外線的功效，使用起來的質地也差不多
要和哪種油脂一起搭配呢？
以任何喜歡的油脂取代荷荷芭油，同樣能夠做出相同的保濕霜

既然如此，我就使用在「尋找命中注定的油脂之旅」中相遇的
玫瑰果
請參考護膚油章節
玫瑰果油來調配看看吧
至於作為香味來源的精油……
玫瑰果&玫瑰!!
搭配看看玫瑰精油吧。
聽起來超級讚呢!!
首先秤出17公克芒果脂。
喔，長相幾乎和乳油木果油一樣耶。
興奮
開心
玫瑰果油非常不耐熱，所以不加熱。
只有將芒果脂隔水加熱。

熔化之後離火。
放一陣子。
等稍微涼了一點再加入玫瑰果油～
這個步驟就和使用荷荷芭油調配時稍有不同了。
咕嚕嚕……
接著再滴入2滴玫瑰精油。
滴
滴
攪拌均勻。
然後倒入玻璃容器內。
等保濕霜降到常溫後
←
再放入冰箱冷藏凝固
完成了—
野玫瑰保濕霜。
芒果脂
＋
玫瑰果油
＋
玫瑰精油

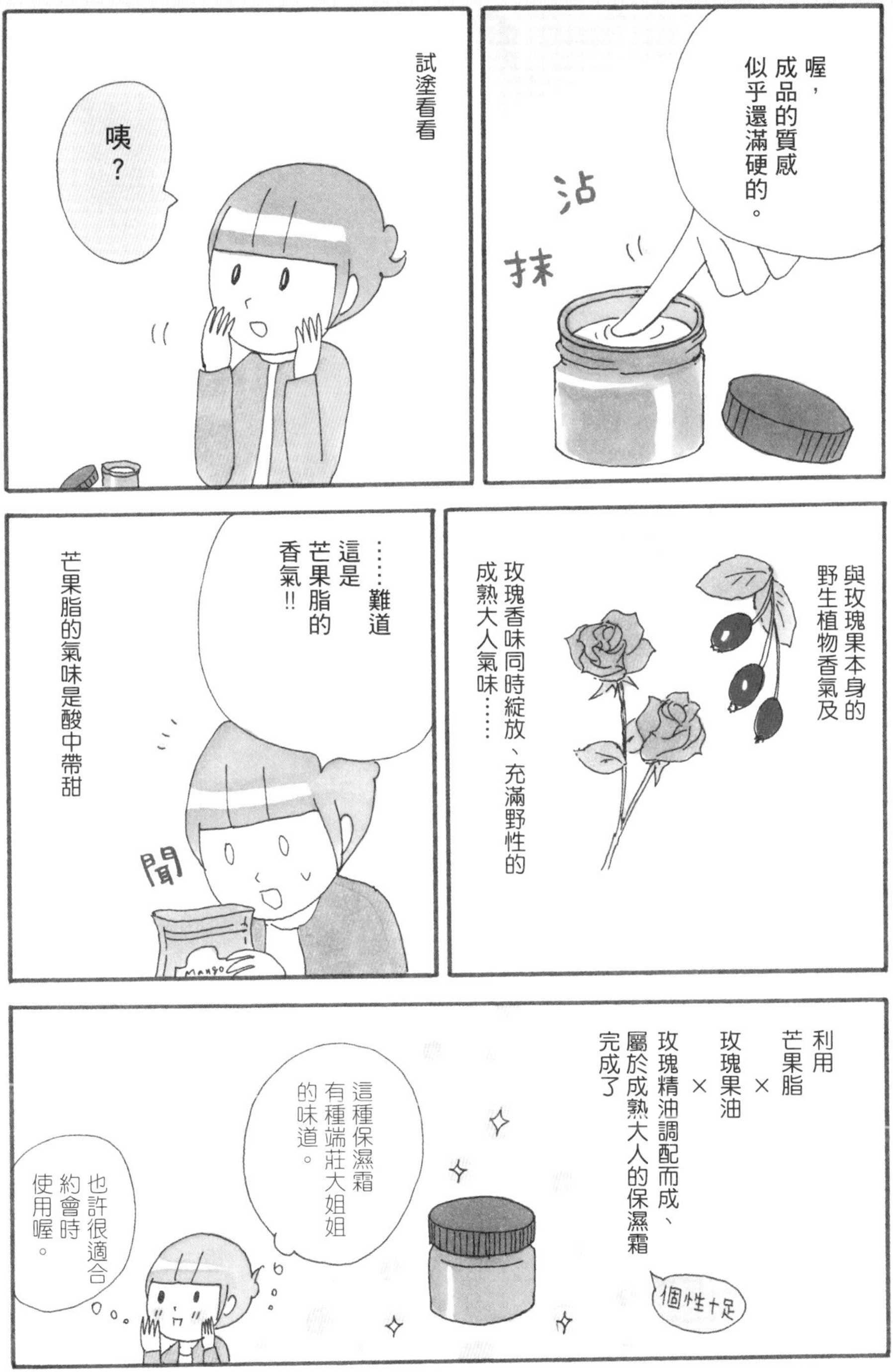
喔，成品的質感似乎還滿硬的。
沾
抹
試塗看看
咦？
與玫瑰果本身的野生植物香氣及
玫瑰香味同時綻放、充滿野性的成熟大人氣味……
……難道這是芒果脂的香氣!!
芒果脂的氣味是酸中帶甜
聞
MANGO
利用
芒果脂
×
玫瑰果油
×
玫瑰精油調配而成、屬於成熟大人的保濕霜完成了
個性十足
這種保濕霜有種端莊大姐姐的味道。
也許很適合約會時使用喔。

以基本的荷荷芭油調配的保濕霜以及
加入喜歡的玫瑰果油調製的保濕霜都做過了……
還想做更多挑戰的我
保濕霜這種東西，搭配不同材料可以變化出各種保濕霜，實在太有趣啦!!
油脂
香味
乳油木果油
下次利用酪梨油來試做看看吧。
酪梨油有點稠，感覺還滿不錯的。
而且酪梨是綠色的油吧？
真想知道做出來的保濕霜會是什麼顏色
呵呵
好直接的理由
至於要添加的香味麼……
就薰衣草吧

一定會是一瓶香氣超棒的保濕霜—
開心
興奮
Love♡
薰衣草
取17公克乳油木果油及8公克酪梨油隔水加熱。
馬上就來做!!
離火之後靜置待涼。
再滴入薰衣草精油5滴。
其他3種精油都只需要加2滴就夠了，但薰衣草必須加到5滴喔!!
仔細攪拌均勻後倒入保濕霜容器內，
就完成了。接下來只要等它凝固就好嘍！

半天之後大功告成
哇—
好美麗的黃綠色!!
看起來好像藥草膏唷！
感覺很有效耶—!!
以酪梨油來調製，就會做出這種黃綠色的保濕霜呀。
以荷荷芭油調製的保濕霜基本上都是白色的，所以感覺很新鮮!!
塗
塗
以乳油木果油
+
酪梨油
+
薰衣草精油
調製、散發著薰衣草輕柔香氣的黃綠色保濕霜完成了
原本還有點擔心酪梨油的氣味會不會干擾薰衣草的香味呢。
感覺還不錯
看來是我白操心了。
這個也可以用來塗抹手肘或膝蓋唷。

From：地址：

姓名：

廣 告 回 信
台北郵局登記證
台北廣字第01764號
平 信

To：**大田出版有限公司 （編輯部）收**

地址：台北市10445中山區中山北路二段26巷2號2樓
電話：（02）25621383 傳真：（02）25818761
E-mail：titan3@ms22.hinet.net

大田精美小禮物等著你！

只要在回函卡背面留下正確的姓名、E-mail和聯絡地址，
並寄回大田出版社，
你有機會得到大田精美的小禮物！
得獎名單每雙月10日，
將公布於大田出版「編輯病」部落格，
請密切注意！

大田編輯病部落格：http：//titan3.pixnet.net/blog/

智 慧 與 美 麗 的 許 諾 之 地

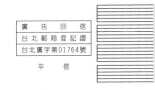

讀者回函

你可能是各種年齡、各種職業、各種學校、各種收入的代表，
這些社會身分雖然不重要，但是，我們希望在下一本書中也能找到你。

名字／ ____________ **性別**／□女 □男　**出生**／______年_____月_____日

教育程度／

職業：□ 學生□ 教師□ 內勤職員□ 家庭主婦 □ SOHO 族□ 企業主管
□ 服務業□ 製造業□ 醫藥護理□ 軍警□ 資訊業□ 銷售業務
□ 其他 ______________________________

E-mail/______________________________ **電話**／____________________

聯絡地址：

你如何發現這本書的？　　　　　　　　　　　　**書名**：

□書店閒逛時________書店 □不小心在網路書站看到（哪一家網路書店？）________
□朋友的男朋友(女朋友)灑狗血推薦 □大田電子報或編輯病部落格 □大田FB粉絲專頁
□部落格版主推薦 ______________________________
□其他各種可能 ，是編輯沒想到的 ______________________________

你或許常常愛上新的咖啡廣告、新的偶像明星、新的衣服、新的香水……
但是，你怎麼愛上一本新書的？

□我覺得還滿便宜的啦！ □我被內容感動 □我對本書作者的作品有蒐集癖
□我最喜歡有贈品的書 □老實講「貴出版社」的整體包裝還滿合我意的 □以上皆非
□可能還有其他說法，請告訴我們你的說法

____

你一定有不同凡響的閱讀嗜好，請告訴我們：

□哲學 □心理學 □宗教 □自然生態 □流行趨勢 □醫療保健 □ 財經企管□ 史地□ 傳記
□ 文學□ 散文□ 原住民 □ 小說□ 親子叢書□ 休閒旅遊□ 其他 ____________

你對於紙本書以及電子書一起出版時，你會先選擇購買

□ 紙本書□ 電子書□ 其他______________________________

如果本書出版電子版，你會購買嗎？

□ 會□ 不會□ 其他______________________________

你認為電子書有哪些品項讓你想要購買？

□ 純文學小說□ 輕小說□ 圖文書□ 旅遊資訊□ 心理勵志□ 語言學習□ 美容保養
□ 服裝搭配□ 攝影□ 寵物□ 其他 ______________________________

請說出對本書的其他意見：

大田出版有限公司編輯部 感謝您！

第四章

特殊護理用的手作護膚品

結束忙碌工作的某一天
只要睡眠不足，肌膚馬上就會出現狀況……
加上平常就已經有肩膀痠痛的問題了，臉色這麼差……
黯淡～消沉
唉－真的很糟，明天還要出門見人耶。
這個時候
就使用蜂蜜面膜吧
前田小姐的聲音
啊
對了，前田小姐有個蜂蜜加護膚油配方的面膜。
黑暗中的一線光明
來試試這個吧。
要準備的物品有蜂蜜、喜歡的護膚油
Honey

蜂蜜☆
我個人非常喜歡蜂蜜，喜愛的東西裡也有不少是含有蜂蜜的成分。
由於喉嚨比較敏感，所以我都吃這個取代藥物。
就是這一種百里香蜂蜜啦
好吃但有種特殊氣味，所以還剩下滿多的
PBees
Thyme
New Zealand
Natural Raw Honey
來自紐西蘭的蜂蜜
(PBees)
拿這個來調配吧!!
百里香蜂蜜具有超強的抗氧化功效，拿來做面膜最恰當不過了吧!?
有點小奢侈
首先將1小匙蜂蜜舀入小杯子裡。

如果蜂蜜有點結晶，可以隔水加熱。
今天的蜂蜜已經是膏狀，直接使用即可。
滴答
接著滴入5滴喜歡的護膚油。
我加的是愛用的玫瑰果油。
混勻之後便完成了。
拌
攪
洗澡的時候順便敷臉吧—
嘩啦啦……
全身洗乾淨並泡澡之後，再將全臉塗上面膜
塗
塗

等待1、2分鐘
呼－
把面膜沖乾淨就好了
離開浴室後立刻進行
化妝水
←
護膚油
完成保養工作
俐落
身體保養、穿衣服什麼的待會兒再做!!
效果如何……？
緊盯－
當天晚上還看不出成效
隔天早上嚇一大跳!!
皮膚變好了!!
潤澤Q彈

太棒啦！
這樣出門就不會嚇到人了。
我非常喜歡這款蜂蜜加護膚油的面膜
敷面膜後肌膚狀況整個變好了。
各種蜂蜜
覺得身體狀況不好，當天早上就敷臉
啾
咻
馬上見效！
或者是晚上泡澡時順便敷臉
偶爾還會心血來潮跳過護膚油只以蜂蜜敷臉
像這樣自己加油添醋
敷上薄薄一層，不必洗掉就這樣留在臉上
就這樣成為我的愛用保養品
唉呀，這張臉怎麼又變得這麼可怕了？
快來敷蜂蜜面膜吧。

蜂蜜加護膚油面膜

材料

天然蜂蜜 … 1小匙
任何喜愛的護膚油 … 5滴

作法

1 將蜂蜜倒入小的耐熱容器內

（蜂蜜如果結晶成塊，可以隔水加熱直到蜂蜜變成透明狀，或者放入微波爐稍微加熱，讓蜂蜜變軟後再使用。）

2 在蜂蜜內滴入5滴護膚油，然後以湯匙攪拌均勻便完成了。

用法

1 洗完臉後拍上大量化妝水，接著立刻敷上蜂蜜面膜，等待1～2分鐘。

強烈建議洗澡時順便敷臉
<UTSURO的隨興小筆記>

2 以溫水將臉沖洗乾淨後搽上化妝水與護膚油即可。

領教過蜂蜜加護膚油面膜的超強威力之後
請問還有其他推薦的配方嗎？
可以利用目前正在使用的4種精油，
來調製舒適宜人的沐浴油喔。

〈沐浴油的作法〉

精油
•若是使用薰衣草 25滴
•若是使用玫瑰、橙花、洋甘菊 8滴～10滴
附漏斗的空瓶
任何喜愛的油脂
1小匙（5ml）

1 取任何喜愛的油脂1小匙，倒入瓶內。

2 加入精油。薰衣草的話請加25滴，若是使用玫瑰、橙花或洋甘菊，可加8滴～10滴。

3 確實搖晃均勻。

4 使用時可倒20～25滴在浴缸內。

這個分量大概可以使用4次

使用的時候，每次倒20～25滴在浴缸內就可以了。
明白了。
沐浴油雖然好，
但使用之後浴缸應該會變得黏黏的吧……
而且也有點擔心，會不會對浴缸造成損傷……
那是因為加了過多油，才會有這些問題發生。
每次只加20～25滴，這樣的分量只會稍微沾附在身體上，就不需擔心那些問題了。
另外，泡澡的方法也有個小祕訣喔。
祕訣？

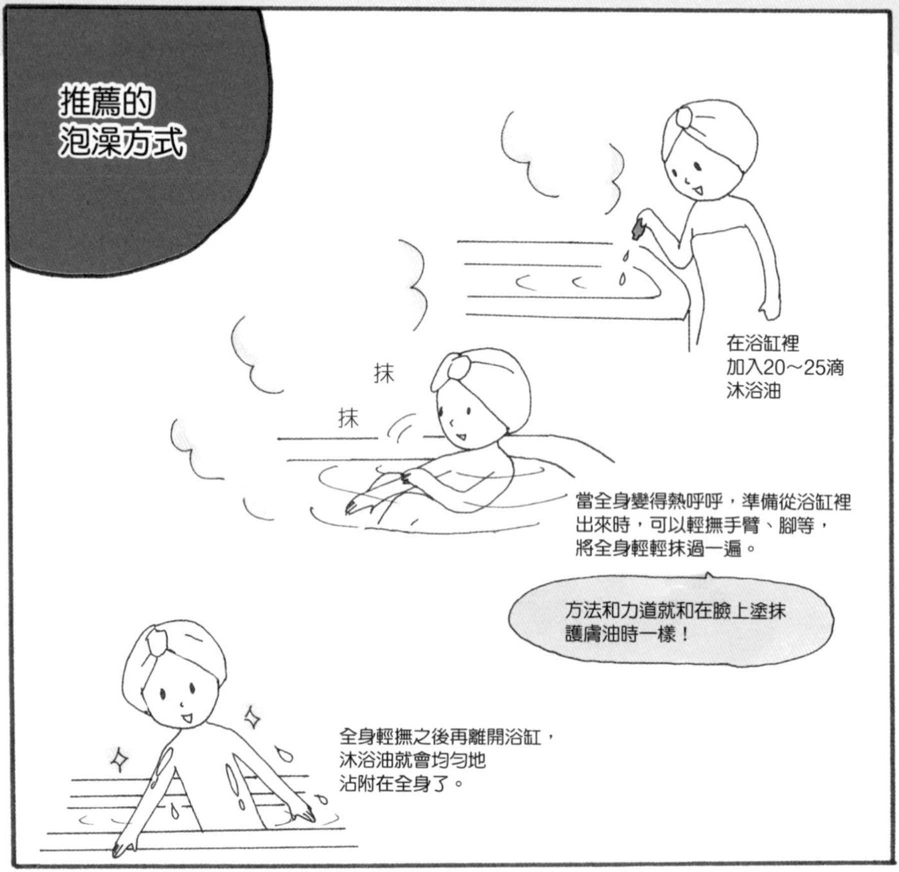
推薦的
泡澡方式
在浴缸裡
加入20～25滴
沐浴油
抹
抹
當全身變得熱呼呼，準備從浴缸裡
出來時，可以輕撫手臂、腳等，
將全身輕輕抹過一遍。
方法和力道就和在臉上塗抹
護膚油時一樣！
全身輕撫之後再離開浴缸，
沐浴油就會均勻地
沾附在全身了。

在浴缸裡將沐浴油抹在身體上，離開浴缸後，這些沐浴油便會在全身上下形成一層保護膜。
喔ー原來如此呀。
之前我的泡澡方式，根本就是在幫浴缸塗上一層油嘛。

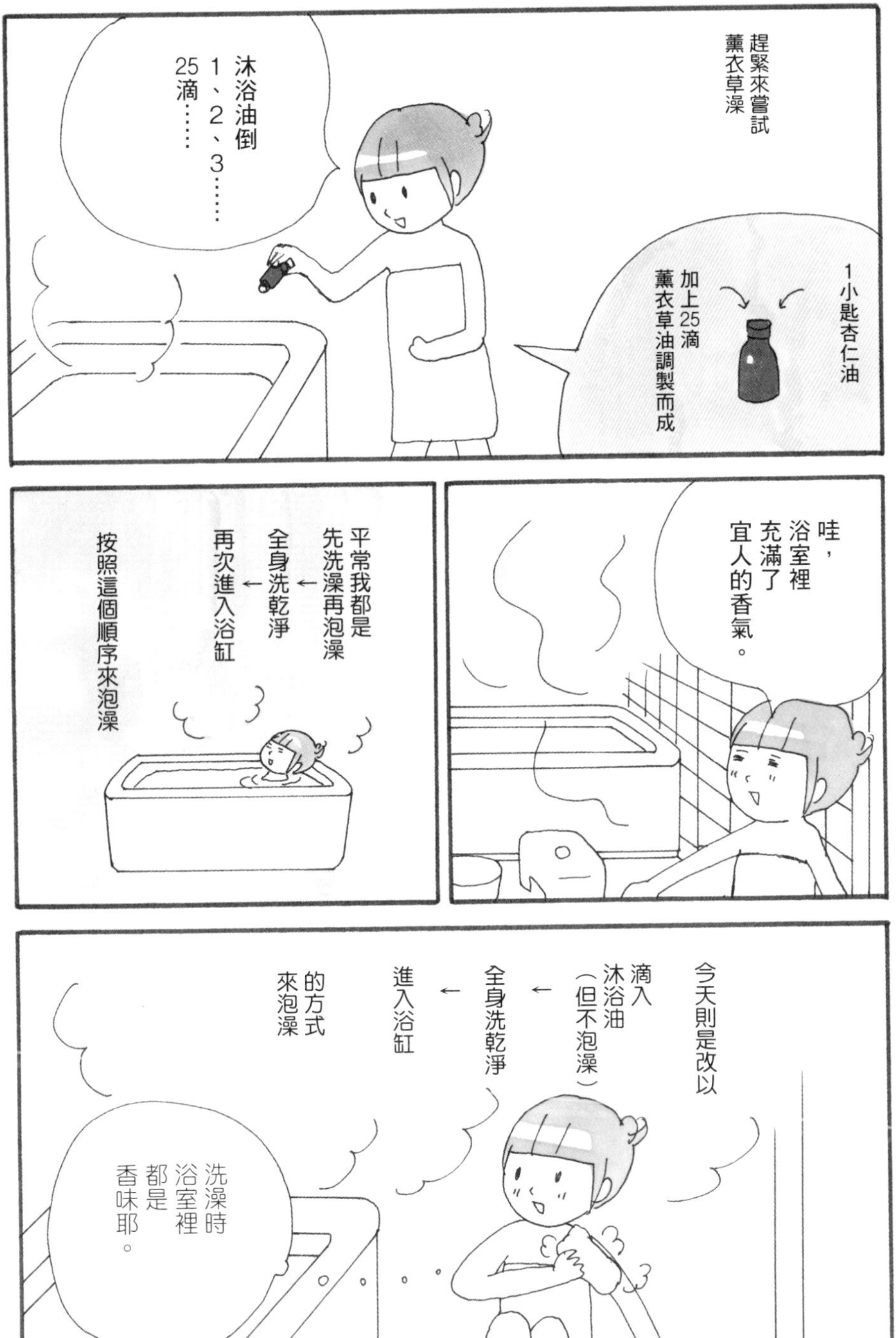

趕緊來嘗試薰衣草澡
1小匙杏仁油加上25滴薰衣草油調製而成
沐浴油倒1、2、3……25滴……
哇，浴室裡充滿了宜人的香氣。
平常我都是先洗澡再泡澡←全身洗乾淨←再次進入浴缸
按照這個順序來泡澡
今天則是改以滴入沐浴油（但不泡澡）←全身洗乾淨←進入浴缸的方式來泡澡
洗澡時浴室裡都是香味耶。

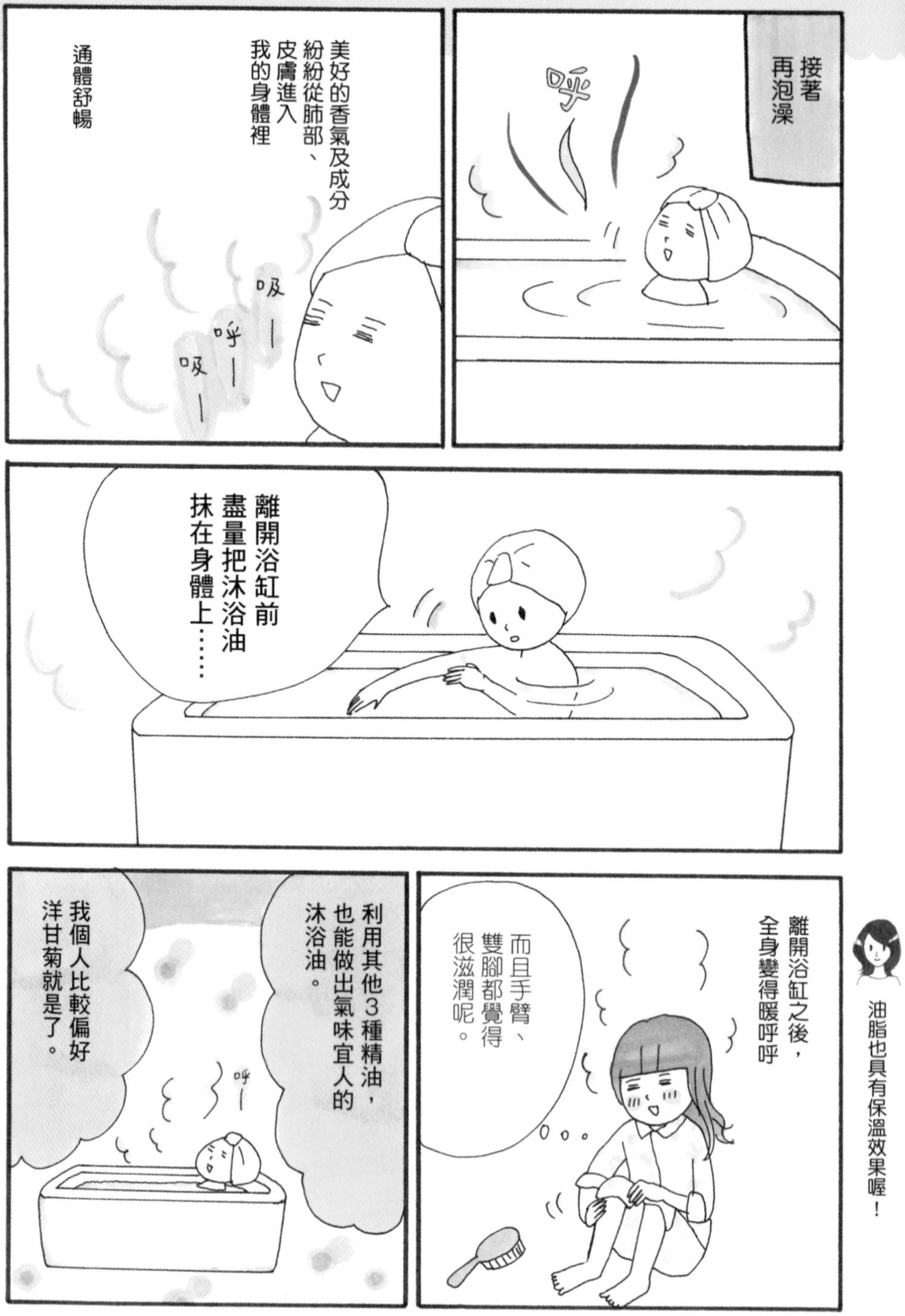
接著再泡澡
呼
美好的香氣及成分紛紛從肺部、皮膚進入我的身體裡
吸—
呼—
吸—
通體舒暢
離開浴缸前盡量把沐浴油抹在身體上……
離開浴缸之後，全身變得暖呼呼
而且手臂、雙腳都覺得很滋潤呢。
油脂也具有保溫效果喔！
利用其他3種精油，也能做出氣味宜人的沐浴油。
呼—
我個人比較偏好洋甘菊就是了。

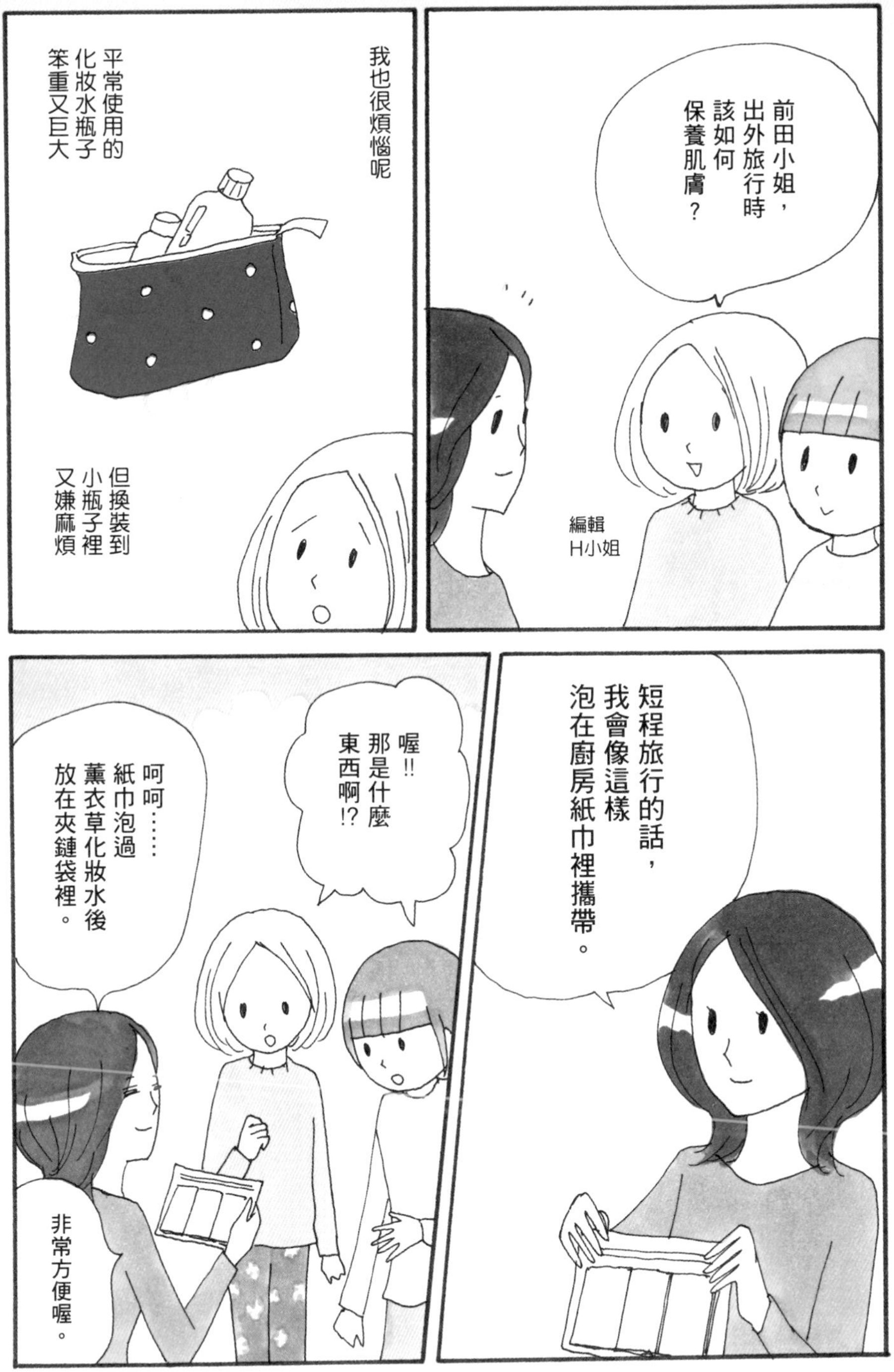
前田小姐，出外旅行時該如何保養肌膚？
編輯 H小姐
我也很煩惱呢
平常使用的化妝水瓶子笨重又巨大
但換裝到小瓶子裡又嫌麻煩
短程旅行的話，我會像這樣泡在廚房紙巾裡攜帶。
喔!! 那是什麼東西啊!?
呵呵……紙巾泡過薰衣草化妝水後放在夾鏈袋裡。
非常方便喔。

紙巾型薰衣草化妝水
1
將10張廚房紙巾
摺成容易攜帶的大小。
建議
摺成8折
2
放進夾鏈袋等
可以密封的袋子內。
使用「小號」
夾鏈袋的話，
摺成8折的
紙巾放進去後
是這個模樣。
3
咕嚕嚕
倒入100ml的
薰衣草化妝水，
讓紙巾吸收。
（10張紙巾剛好使用
1瓶分的化妝水）
這樣一來，
就能輕鬆地
攜帶1瓶分量的
化妝水了。

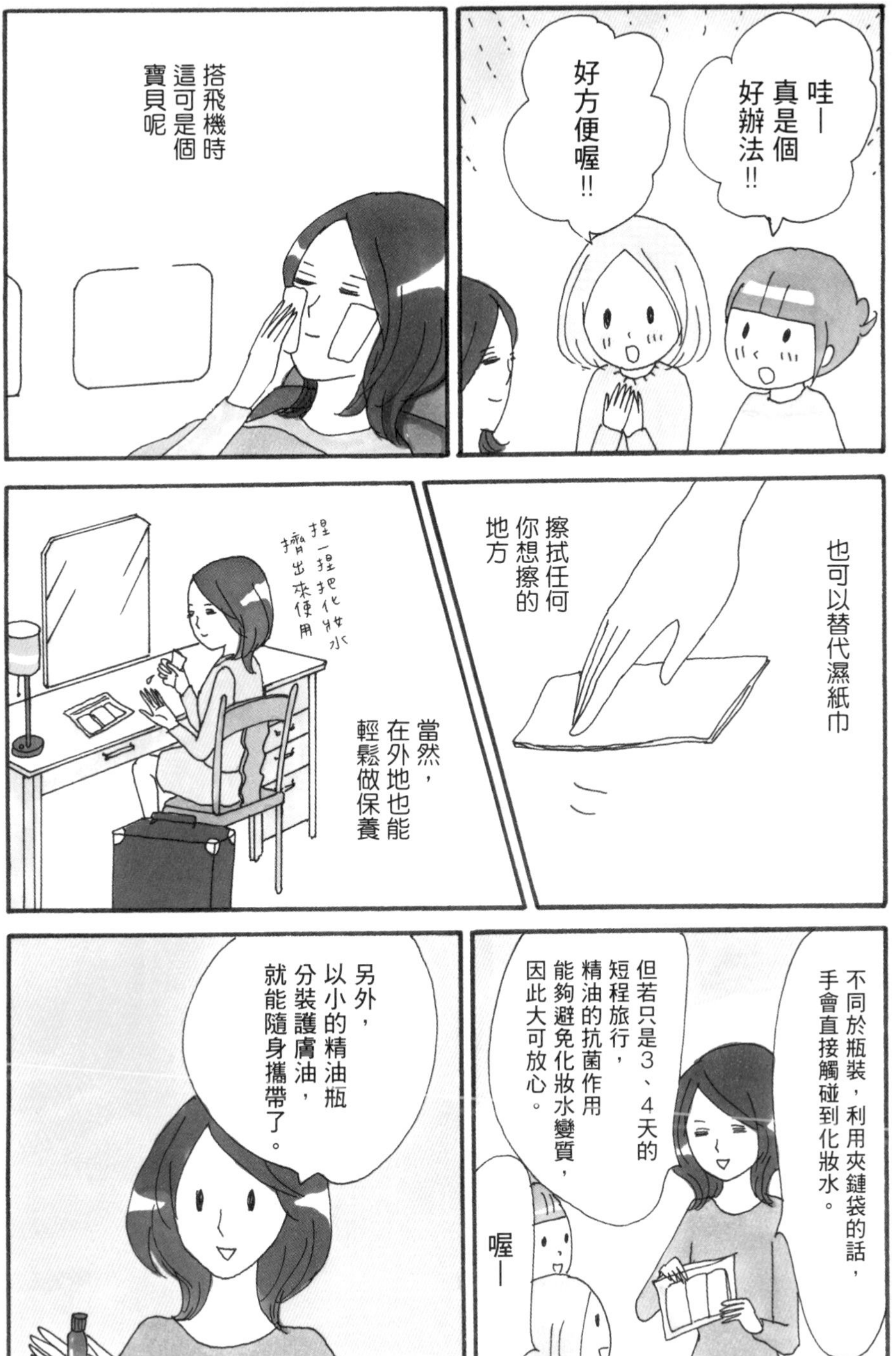

哇—真是個好辦法!!
好方便喔!!
搭飛機時這可是個寶貝呢
也可以替代濕紙巾
擦拭任何你想擦的地方
捏一捏把化妝水擠出來使用
當然，在外地也能輕鬆做保養
不同於瓶裝，利用夾鏈袋的話，手會直接觸碰到化妝水。
但若只是3、4天的短程旅行，精油的抗菌作用能夠避免化妝水變質，因此大可放心。
喔—
另外，以小的精油瓶分裝護膚油，就能隨身攜帶了。

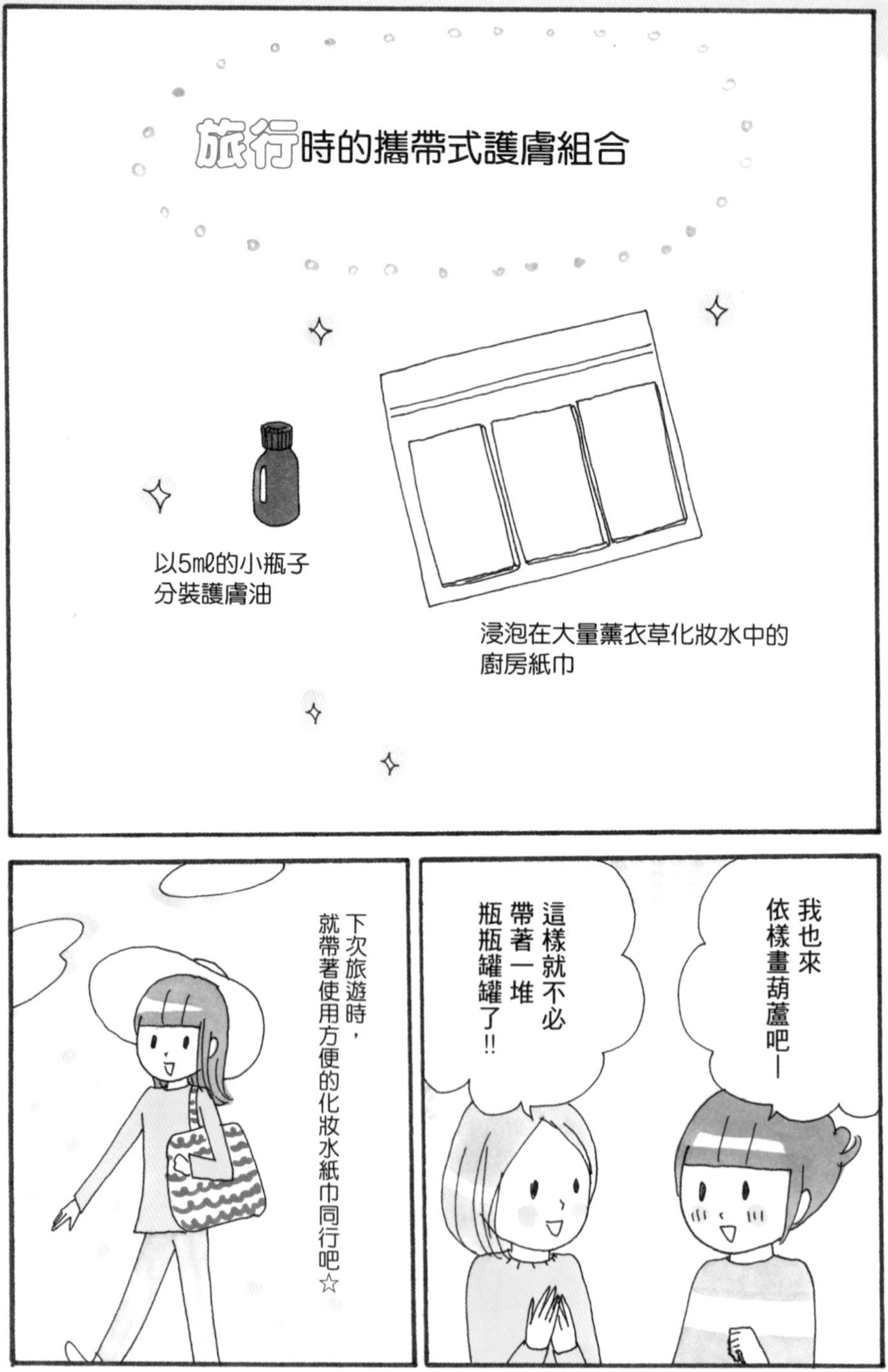

旅行時的攜帶式護膚組合
以5mℓ的小瓶子
分裝護膚油
浸泡在大量薰衣草化妝水中的
廚房紙巾
我也來依樣畫葫蘆吧—
這樣就不必帶著一堆瓶瓶罐罐了!!
下次旅遊時，就帶著使用方便的化妝水紙巾同行吧☆

充分利用手作護膚品的一日生活

早上

洗臉之後
看當天的心情
挑選化妝水，
讓自己沉浸在花香裡

今天要使用哪瓶化妝水呢？

拍過化妝水之後
塗上護膚油

要注意塗抹的方法喔。

中午

洗滌物品之後
或者洗過手後
搽上保濕霜

好香喔！

順便轉換一下工作的心情。

晚上
有空的話就利用沐浴油泡個澡
泡澡之後看當天的心情挑選化妝水
拍拍
今天就選保濕霜吧。
之後一定會塗加了化妝水的護膚油或保濕霜
搭配當天的肌膚狀況

進行手作護膚已經過了4個月
啊，薰衣草化妝水好像快用完了。
再來調製一些吧。
拿起
純水
俐落
甘油
調製的方法已經練得很熟了
熟練
俐落
不必多想就做好了

皮膚的狀況變得非常好呢♡
雖然還是有些小問題，
像是皺紋！之類的
但比以前更加水潤有彈性了。
消耗最快的果然是薰衣草化妝水。
不論心情多麼糟，只要有這瓶就能讓我冷靜下來。
拍在臉上好舒服呢！
自從我開始使用花類精油的化妝水之後，皮膚粗糙的狀況越來越罕見了。
以前只要一有問題，馬上就變得很嚴重。
當時的我也只能慌慌張張地去買痘痘藥膏回來塗。

現在皮膚就算出現狀況，只要乖乖地拍化妝水，很快就痊癒了。
不需要慌慌張張，心情也變得穩定多了。
我了解！
生活中不論大小事都會影響皮膚的狀況呀！
剛開始調製時，還懷疑過這種清清如水的東西真的有效嗎？
但我很快就習慣了，而且使用起來超舒服的!!
倒
倒
比起那些帶點濃稠度的市售品，這種手作化妝水，似乎更能夠把水分帶入肌膚深層呢。
以前的我一定會挑選帶濃稠度的化妝水……
真不可思議呀……
清爽型
濃稠型

現在有點小後悔，
當初橙花和玫瑰精油只買了1㎖。
滴管雖然拿取方便，
但使用時滴管的前端不是會直接碰觸到容器嗎？
我非常在意衛生問題，每次使用完一定會以酒精消毒。
酒精
但真的太麻煩、太麻煩了。
所以就算有點太大罐，下次我一定要買瓶內是附漏斗的容量。
這樣呀！
不過越大罐價格也越高，實在傷腦筋耶。

護膚油的話，到目前為止我還是很喜歡玫瑰果油。
但很快就要換季了，我也想嘗試其他種類的油。
夏天用這種、冬天用另一種，依照自己的狀況來調整用油，才是真正的護膚之道啊。
對呀，還可以看自己當天的皮膚狀況來做調整，真棒♡
橄欖油、酪梨油之類的油，不但取得容易，價格也不貴，實在很吸引人。
到目前為止，我已經不知道敷過多少次蜂蜜面膜了。
甜杏仁油
橄欖油
酪梨油
山茶花油
Honey

手作護膚品
不論是護膚油或保濕霜，全都使用純天然的材料，不但令人安心，
香味也十分舒適宜人。
使用起來感覺真棒!!
結論就是這樣
♪
今天要用哪一瓶呢？
我就這樣朝著手作護膚品之路繼續走下去
陶醉

完

按照肌膚類型・推薦的配方

手作護膚品最大的魅力，
就是能夠找出最適合自己膚質的產品。
花類化妝水與護膚油的組合搭配，
應該就能涵蓋絕大部分的肌膚類型。
在這裡把特別受歡迎的組合配方介紹給大家。

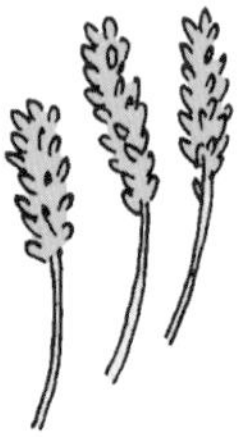

痘痘肌、
對紫外線抵抗力弱的膚質類型

化妝水＊薰衣草化妝水

護膚油＊夏威夷核果油

薰衣草精油對於解決痘痘、傷口、蚊蟲咬傷等各種肌膚問題的優異效果，讓它成為既方便又有效的必備品，而幾百年來，更是人們治療燒燙傷或曬傷等肌膚問題的最佳選擇。夏天時多調配一些薰衣草化妝水放在冰箱冷藏，回家之後不論是洗完臉或洗完澡之後拍一點化妝水，宜人的香氣一定能讓你頓時身心舒暢。夏威夷核果油自古以來便是夏威夷人治療青春痘、燒燙傷的藥品。在肌膚薄薄塗上一層，質地清爽不油膩。

對抗因年齡造成的肌膚乾燥、皺紋、
斑點等老化問題

化妝水＊橙花化妝水＋玫瑰化妝水

護膚油＊橄欖油＋澳洲胡桃油

橙花精油、玫瑰花精油的香氣能夠刺激神經中樞，舒緩不安或憂鬱的情緒。自古它們便是對付皺紋的聖品，濃郁的香氣也能讓深鎖的眉頭放鬆下來。你可以個別使用或者混在一起使用。澳洲胡桃油含有豐富的棕櫚烯酸，是細胞再生的必需成分，適合用來對付黑斑、傷口。希望進行深度保濕時，可以再搭配使用橄欖油。

敏感性肌膚、有皮膚問題的混合型肌膚

化妝水＊洋甘菊化妝水

護膚油＊月見草油或玫瑰果油

有些人的肌膚十分敏感，甚至連天然的精油也無法使用。這時候，德國藍洋甘菊就是這種類型肌膚的最後救星了。平常使用一般的花類精油化妝水沒什麼問題，但因為疲勞或承受壓力造成皮膚狀況大暴走時，也有不少人會求助於洋甘菊。另外同樣適合敏感型肌膚使用的油脂有月見草油及玫瑰果油。每種人適合的配方不盡相同，各位不妨多加嘗試，找出最合適的組合。

婦科壓力引起的肌膚問題

化妝水＊玫瑰化妝水

護膚油＊橄欖油＋荷荷芭油

幾乎所有的花類精油都具有舒緩壓力的功效，其中玫瑰花精油尤其適合緩解因婦科壓力引起的問題。同樣是痘痘或粉刺，若是因為女性荷爾蒙分泌不正常造成的，比起薰衣草，使用玫瑰精油效果會更好。各位可以按照每個月的生理節奏或身體狀況來搭配使用。這種時候，就挑選你覺得「香味聞起來最舒服」的來使用吧。雖然說橄欖油加荷荷芭油的配方最受歡迎，但你也可以選擇喜愛的任何油脂。

後記

為了讓自己美麗有朝氣，
請抱著興奮而期待的心情，放心地一起來保養肌膚吧！

想要擁有健康透亮肌膚的AKIKO UTSURO，至今不知道做了多少努力（但過程都很開心！）隨著全書故事的進展，當初剛開始接觸手作護膚品時，那種必須按捺住幾乎要從胸口跳出來的興奮、激動、躍躍欲試的情緒及往事，再次鮮明地浮上心頭。老實說，即使是現在，進行手作護膚品的每一天，那種激動、興奮的心情，還是淡淡地殘留在我體內。我想，這種情緒對於手作護膚的效果來說，也有相當正面的作用。

讓肌膚感到「好舒服，好開心！」凡事都以這樣的信念為出發點，採取行動。這樣一來，即便暫時失去元氣，只要心中有這個信念，心靈與肌膚很快就能再度回復蓬勃朝氣，變得水潤有光澤。

要達成這個目的，最重要的是必須讓自己有「腳踏實地的安心感」。我要的不是世上隨處可見的現成保養品的商品資訊，而是實際去了解與我的肌膚接觸的成分是什麼？它們有哪些功效？像這樣從材料本身進行徹底的研究，才是長久之計。認識了天然的素材，並抱著小小的興奮感一邊嘗試，即便只是一天當中的幾分鐘，卻是我與肌膚坦誠相處最奢侈的時刻。

看過了這本圖文書，想要進一步了解更多關於手作護膚品的材料或功效的話，雖然字有點多，還是真心推薦讀者們看看《簡單護膚》這本書。自古便讓全世界美人們愛不釋手的精油與天然油脂，究竟具有什麼威力？我們又該如何善用它們的力量？希望各位讀者能夠慢慢累積知識，同時一邊嘗試動手做，在漫長的人生路上，盡情享受與自己的肌膚相處的無限樂趣。

前田京子

手作護膚品 徹底改變我的生活

肌膚狀況變好了
保養品的支出變少了
早晚都沉浸在護膚的樂趣中
覺得自己的肌膚變得好惹人憐愛
即使出現新的肌膚問題也不再焦慮
喜歡的作品就當禮物送人♡
除了塗抹在肌膚上對於能夠吃下肚的油脂類也產生了更多興趣
大家也一起加入
開心的手作護膚品生活吧☆

國家圖書館出版品預行編目資料

後天美膚人：自己的皮膚自己救，親手做出安全省錢的天然保養品 / Akiko Utsuro, Kyoko Maeda著；陳怡君 譯——初版——臺北市：大田，民104.09
面；公分.——（titan；114）
ISBN 978-986-179-386-3（平裝）

1.皮膚美容學 2.健康法

425.3 104001415

TITAN 114

後天美膚人：

自己的皮膚自己救，親手做出安全省錢的天然保養品

作者
Akiko Utsuro

監修
前田京子

翻譯
陳怡君

出版者
大田出版有限公司
台北市10445中山區中山北路二段26巷2號2樓
E-mail：titan3@ms22.hinet.net http：//www.titan3.com.tw
編輯部專線：(02) 25621383 傳真：(02) 25818761
【如果您對本書或本出版公司有任何意見，歡迎來電】
行政院新聞局版台業字第397號
法律顧問：陳思成律師

總編輯：莊培園
副總編輯：蔡鳳儀
執行編輯：陳顗如
行銷企劃：張家綺／蔡依耘
校對：蘇淑惠／陳怡君
手寫字：何宜臻
美術編輯：張蘊方

印刷
上好印刷股份有限公司
電話：(04)23150280

初版：二〇一五年（民104）九月十日
定價：250元
國際書碼：978-986-179-386-3 CIP：425.3／104001415